西藏典型地区燕麦、饲草青稞需耗水规律与灌溉制度

徐　冰　汤鹏程　田德龙　李泽坤　高晓瑜　著

科学出版社

北　京

内 容 简 介

本书以青稞、燕麦为研究对象，以西藏自治区当雄县（典型牧区）和拉萨市郊（典型农区）为研究区，针对人工草地灌溉技术研究和应用的薄弱环节，对代表性饲草作物（青稞、燕麦）需耗水规律、灌溉制度等开展了系统研究，确定了西藏地区地面灌溉关键技术参数，提出了节水高效稳产技术模式，填补了高寒地区灌溉基础理论研究空白，为西藏地区灌溉人工饲草料地持续健康发展提供了技术支撑。

本书可供农业水土工程、水文水资源等领域的科研人员、大专院校的师生阅读和参考，也可供从事人工饲草灌溉工程规划设计、生产管理和草原生态保护与建设的技术人员参考使用。

图书在版编目(CIP)数据

西藏典型地区燕麦、饲草青稞需耗水规律与灌溉制度 / 徐冰等著. —北京：科学出版社，2018.3

ISBN 978-7-03-056870-0

Ⅰ. ①西… Ⅱ. ①徐… Ⅲ. ①燕麦-需水量-研究-西藏②元麦-牧草-需水量-研究-西藏③燕麦-灌溉制度-研究-西藏④元麦-牧草-灌溉制度-研究-西藏 Ⅳ. ①S512.607.1②S512.307.1

中国版本图书馆 CIP 数据核字（2018）第 048864 号

责任编辑：亢列梅 徐世钊 / 责任校对：郭瑞芝
责任印制：张 伟 / 封面设计：陈 敬

科学出版社出版
北京东黄城根北街 16 号
邮政编码：100717
http://www.sciencep.com
北京九州迅驰传媒文化有限公司印刷
科学出版社发行 各地新华书店经销
*
2018 年 3 月第 一 版 开本：720×1000 B5
2018 年 3 月第一次印刷 印张：9 3/4
字数：150 000

定价：95.00 元

（如有印装质量问题，我社负责调换）

前　言

西藏是我国五大牧区之一，是我国藏族主要聚居地及发源地之一，草原是藏族形成和发展的依托，草原畜牧业是牧民赖以生存和发展的基础。西藏地区高寒缺氧、土壤贫瘠，水、热资源时空分配不均导致草原生态系统抗逆性能力较低。加之气候变化和超载过牧，50%以上的草原出现退化，草地载畜能力平均下降30%～50%，超载30%以上，依靠天然草原已经不能满足区域畜牧业发展的需要。实践证明，1亩灌溉人工饲草料地的产草量相当于15～50亩天然草原的产草量，发展灌溉人工饲草料地成为缓解草畜矛盾、保护草原生态、促进牧民增收的重要手段。燕麦、饲草青稞是西藏地区的主要饲草作物，长期以来对其需水量及灌溉制度的研究始终空白，相关工程规划设计缺少科学的灌溉制度和灌水技术参数等有效的科技支撑，导致灌溉不适时、不适量，农田灌溉水利用率多不足30%，仅为全国平均值的65%左右，灌溉水源浪费严重。

长期以来，西藏大部地区的牧业生产一直停留在天然放牧状态。20世纪90年代以前，牧区水利主要集中在解决人畜饮水问题。饲草作物灌溉始于“九五”期间，主要以渠道防渗为主，兼有小型的喷灌试点项目。近年来，由于气候变化和天然草场利用不当等因素，草地生态系统破坏严重，草原畜牧业发展受到制约。因此，西藏自治区不断加大草原保护力度，多举措促进草原生态保护和牧区经济发展。其中，灌溉草地逐步受到各级党委和政府的重视。2009年，在水利部的关心和大力支持下，西藏自治区水利厅及地方水利局在阿里、那曲、昌都、日喀则、拉萨的17个县开展了牧区节水灌溉试点或示范工程建设，共建设灌溉人工草地4.1万亩。其中，阿里地区噶尔县首次在海拔4300m的昆莎乡成功种植了5445亩紫花苜蓿，打破了阿里地区在海拔4000m以上不能人工种植优质牧草的历史。拉萨、日喀则等地也相继尝试种植了燕麦、绿麦草、披碱草、紫花苜蓿等优质牧草，产量多为天然草地产草量的10～50倍，灌溉人工草地的优势逐步凸显。据统计，截至2015年末，西藏共建设灌溉饲草料地 100 余万亩，并已由单一的灌溉天然草原或种植青稞向种植燕麦、绿麦草、披碱草、紫花苜蓿等牧草的多元化种植结构转变。

中国水利水电科学研究院牧区水利科学研究所是全国专门从事牧区水利的科研机构，经过多年实践，形成了一支专门从事饲草灌溉基础理论和实用技术的研究团队，先后出版了《草原灌溉》《草原节水灌溉理论与实践》《草地 SPAC 水分运移消耗与高效利用技术》等学术专著。2010 年起，依托中国水利水电科学研究院科研专项基金项目“西藏高寒草原人工草地节水灌溉关键技术初步研究”[mksx（1）-10-05]、“西藏高寒牧区灌溉人工草地节水高产综合技术研究”（MK2012J05）、“西藏地区灌溉饲草料地节水丰产集成模式研究”（MK2014J01）及国家自然科学基金项目“西藏高海拔地区 ET_0 计算公式试验率定与作物系数推求”（51579158）、“西藏高寒区低温融雪水灌溉对土壤与牧草的影响及其作用机制”（51609154）等，研究团队对西藏地区饲草作物需耗水规律及灌溉制度等进行了系统研究。项目采用理论研究、试验、应用相结合的方法，重点开展了西藏高海拔地区燕麦水分生理特性及其与气象因子响应关系、参考作物腾发量（ET_0）计算方法评价、典型饲草作物需耗水规律、地面灌溉关键技术参数及节水高效稳产技术模式等研究，填补了高海拔地区灌溉研究的空白和薄弱环节，丰富了人工饲草地灌溉理论与应用技术体系，相关成果已在《牧区草地灌溉与排水技术规范》（SL 334-2016）等行业标准及规划中得到应用，并在拉萨市、那曲市、阿里地区等地进行了示范推广，应用面积超过 10 万亩，亩均饲草产量增加 20%以上，节水 20%以上，增收 200 元以上。项目成果为西藏及其他高寒地区灌溉人工草地规划、设计、管理提供了理论与技术支撑，经济和社会效益十分显著。

本书由徐冰、汤鹏程等负责全书统稿和校核，第 1 章对西藏高海拔地区牧草种植相关的研究背景与进展进行阐述，由徐冰撰写；第 2 章探讨西藏地区燕麦水分生理特性及其与气象因子的响应关系，由汤鹏程、田德龙等撰写；第 3 章对高海拔地区 ET_0 进行研究并对其计算方法进行评价与应用，由汤鹏程、田德龙、李泽坤等撰写；第 4 章对西藏典型地区饲草作物需耗水规律进行研究，由徐冰、任杰等撰写；第 5 章对西藏典型饲草作物地面灌溉关键技术参数进行研究，由徐冰、田德龙、高晓瑜等撰写；第 6 章对适宜于西藏典型饲草作物节水高效稳产的技术模式进行探讨，由高晓瑜、任杰等撰写；第 7 章为讨论与展望，由徐冰、汤鹏程等撰写。

本书的出版由水利部牧区水利科学研究所科研专项经费给予资助，在研究过程中得到西藏自治区农牧科学院侯亚红、西藏自治区水利厅益西卓嘎等同志的大力支持，在此表示感谢。在撰写本书过程中参考、借鉴了相关专家学者的有关著作、论文的部分内容，并得到了水利部牧区水利科学研究所包小庆教高、李和平教高、郭克贞教高，内蒙古农业大学屈忠义教授、魏占民教授，中国科学院地理科学与资源研究所余成群研究员、武俊喜副研究员等的热心指导，在此深表谢意。

限于作者水平，书中难免有不足之处，敬请广大读者批评指正。

目　　录

第1章 绪 论

1.1 研究背景及进展

1.1.1 研究背景

2011 年，中央一号文件指出，要“建设节水高效灌溉饲草料地”。《国务院关于促进牧区又好又快发展的若干意见》（国发〔2011〕17 号）指出，“在具备条件的地区稳步开展牧区水利建设、发展节水高效灌溉饲草基地，促进草原畜牧业由天然放牧向舍饲、半舍饲转变”。2013 年，水利部陈雷部长在第六次援藏工作会议上强调，“着力解决民生水利问题；优先将西藏水利改革发展重大课题纳入水利科技发展规划”。2017 年，中央一号文件指出，“饲料作物要扩大种植面积，发展优质牧草，大力培育现代饲草料产业体系”“稳步推进牧区高效节水灌溉饲草料地建设，严格限制生态脆弱地区抽取地下水灌溉人工草场”。党中央、国务院及水利部多个文件的出台，标志着以保护生态、提高水资源利用率为宗旨的牧区水利迎来新的机遇，也预示着西藏地区灌溉人工饲草料地将进入新的快速发展期。

然而，由于西藏高海拔地区土层薄（30cm 左右）、低压低氧（平均不足海平面 2/3）、强辐射（年太阳辐射 6000～8000MJ/m^2）、干湿季分明等特殊的自然地理环境，加之历史遗留问题较多，与内蒙古、新疆等地区相比，西藏农田水利基础设施总体落后的局面尚未得到根本改变，灌溉人工饲草料地的科研工作严重滞后于工程建设，灌溉人工饲草料地大面积发展缺乏有效的理论与技术支撑，主要表现为以下几方面。

（1）西藏高海拔地区人工饲草作物灌溉基础理论研究几乎空白。例如，高海拔、高辐射、低压低氧条件下人工饲草作物的水分生理如何变化，土壤-植物-大气连续体（soil-plant-atmosphere continuum，SPAC）系统水分运移有何独特的变化规律？高海拔地区参考作物腾发量（ET_0）、作物系数的计算与低海拔地区是否存在差异？西藏高海拔地区典型饲草作物的需水规律、需水关键期是什么？

（2）西藏地区人工饲草地多以地面灌溉为主，由于缺乏对地面灌溉关键参数（适宜灌水时间、灌水量等）的系统研究，人工饲草地灌溉不适时、不适量，灌溉水源浪费严重，水分生产率较低，饲草产量低。

（3）学者多专注于水利、农业、畜牧业各自领域单项技术的研究，缺乏灌溉、种植、农机、农艺等综合技术的集成研究，缺乏针对西藏不同地区不同饲草料节水、高效、高产集成技术模式的研究与推广应用，导致区域灌溉人工饲草料地发展缓慢，综合效益低。

鉴于以上问题，2010 年起，中国水利水电科学研究院牧区水利科学研究所在西藏水利厅的支持和帮助下，以中国水利水电科学研究院科研专项资金项目“西藏高寒草原人工草地节水灌溉关键技术初步研究”“西藏高寒牧区灌溉人工草地节水高产综合技术研究”“西藏地区灌溉饲草料地节水丰产集成模式研究”为支撑，针对西藏人工草地灌溉基础理论与技术研发的薄弱环节，对西藏典型地区（海拔 4000m 以上的高寒牧区，海拔 4000m 以下的典型农区）的典型饲草作物（青稞，*Hordeum vulgare* Linn. var. *nudum* Hook.f.；燕麦，*Avena sativa* L.）需耗水规律、灌溉制度及关键参数、节水高产技术模式等开展研究，旨在填补高寒地区灌溉基础理论研究空白，为西藏地区灌溉人工饲草地持续健康发展提供技术支撑。

1.1.2 国内外研究进展

1．作物水分生理指标研究进展

20 世纪中期以来，随着农田微气象观测技术、红外气体分析记录技术和作物生理生态学的发展，通过特定的科学仪器，可以精确测定叶片与外界的水汽和 CO_2 交换，这为微观尺度上的生理生态模型模拟及其对外界非生物因子的响应研究提供了坚实的试验基础。对于牧草微观水平的研究通常以叶片的生理活动为基准，同时叶片水平是生理生态学研究的基本单元，且较大尺度的模型可在微观模型的基础上扩展推广。任传友等（2004）研究了气孔导度由单叶到冠层尺度的转换和气孔导度与光合 CO_2 的响应关系；戚龙海等（2009）研究了蒸腾速率、净光合速率等生理指标的变化特征及其与环境因子的关系；郭克贞等（2008）研究了人工草地 SPAC 系统中大气水势及其影响因子，发现大气水势的变化与风速、温度等气象因子有很显著的关系；于婵（2011）基于人工牧草气孔导度与环境因子的关系，建立了以AGA求解的模拟人工牧草气孔导度与环境因子变化关系的复合S曲线模型；佟长福等（2005）对内蒙古鄂尔多斯、甘肃天祝等地人工牧草水分生理特性进行了初步研究。综上可知，对于作物生理指标及其与环境因素关系的研究，前人的研究主要集中于粮食作物，针对牧草的相关研究较少，同时受科技发展、试验手段的影响，对西藏高海拔地区低压低氧、强辐射等特殊气象条件下人工牧草水分生理指标的研究鲜有报道，相关研究亟待加强。

2．*参考作物腾发量的研究进展*

作物的腾发量是土壤-植物-大气系统中最重要的环节，因此对其进行深入研究显得十分必要。目前世界上使用最广泛的计算农田蒸发蒸腾量的方法是考虑土壤水分修正系数和作物系数并基于参考作物腾发量（ET_0）开展的。ET_0的计算公式已有几百年的历史，经过试验数据和产量因子的分析、能量平衡和水汽扩散原理以及多位学者的修订，得到Modified-Penman（MP）公式，并被联合国粮食及农业组织（Food and Agriculture Organization of the United Nations，FAO）《作物需水量》修订本推荐，在我国得到大力推广。由于此方法具有计算精度高和理论性较强的特点，成为ET_0的标准计算方法。但该方法对气象数据的完备性要求比较高，现实中有些地区又很难得到，因此当气象数据缺乏的时候，此方法就不太适用。国内学者康绍忠等（1994）、刘钰等（1997）较早在ET_0的计算方法方面做了相应的研究。康绍忠等（1994）首先基于日照时数、风速、气温三个气象参数建立了估算我国北方干旱半干旱地区蒸发蒸腾量的经验公式，之后两年又在原有的研究成果上，将温度与水汽压作为基础参数，模拟出估算参考作物腾发量的经验公式；刘钰等（1997）通过分析气象因素对参考作物腾发量的敏感性影响，得出了适合北方气候区的气象数据缺失的ET_0计算方法；霍再林（2004）基于人工神经网络模型计算了河套灌区的参考作物蒸发蒸腾量；于淼等（2010）通过分析气象数据，建立了参考作物蒸发蒸腾量的灰色马尔可夫预测模型；丁志宏等（2011）应用P-III曲线法推求得到了灌区降水量和参考作物腾发量的频率分布曲线，再运用Copula函数方法构建了两者的年际联合分布模型，给出了两者的重现期等值线图。由上述可知，当前国内对ET_0的研究普遍开展且取得了较为丰硕的成果，主要采用经验公式法、能量平衡法、水汽扩散法和基于GIS与神经网络等的方法。

西藏 ET_0 研究起步较晚，一些学者基于 FAO56 PM 法对全区 ET_0 时空分布进行了分析，对拉萨市适宜的 ET_0 计算方法进行了研究，但这些研究仍以 FAO56 PM 法为衡量标准，对其他方法进行比对，而西藏乃至世界范围内高海拔地区（特别是海拔 4000m 以上）基于实测资料的 ET_0 计算方法及参数的率定至今空白。现阶段 ET_0 的研究多停留在 MP 法、FAO56 PM 法、Priestley-Taylor 法、Hargreaves-Samani 法和 Irmark-Allen 拟合法等公式的对比分析上，基于实测的 ET_0 研究始终是农业水土科学的薄弱环节。随着研究的深入，基于 Lysimeter 实测数据对不同 ET_0 公式在不同地区进行检验、率定、修正，优选出更接近实际的计算方法或参数成为当前农田水利研究的前沿热点。

3. 作物需水量及灌溉制度优化研究进展

目前作物需水量的计算方法也有很多，如经验公式法、土壤水量平衡法、蒸渗仪法、涡度相关法、波文比法等。在国外，早在 200 多年前，相关学者对蒸散法的研究就已经做了很多工作。最早提出蒸发理论并对其创立产生决定性作用的是道尔顿；计算蒸发量的波文比-能量平衡法是由英国物理学家波文提出的，之后此方法被广泛应用，成为目前计算作物蒸发蒸腾量的一个重要方法；Penman 等（1948）在两个基于蒸发面饱和状态和不考虑表面阻抗的假设的基础上，建立了能量平衡和空气动力学联合方程；自从 Philip（1966）提出土壤-植物-大气连续体（SPAC 系统），其逐渐成为学术界的研究热点。虽然 SPAC 系统在参数估计上至今还存在着一些问题，但它在蒸发领域的贡献不可磨灭。随着科学技术的发展，自 20 世纪 70 年代初以来，在区域蒸散量的计算上，遥感技术得到了广泛的应用。

国内关于蒸发蒸腾量研究较晚，始于 20 世纪 50 年代初，后来在国家的大力支持下，我国关于蒸散法的研究也慢慢发展起来了。王志强等（2007）基于人工草地试验资料，模拟得到人工牧草需水量，并与实测值分析比较反推得到适合当地的作物系数。郭克贞等（2008）研究了毛乌素沙地饲草料的作物耗水量，并对其进行了节水灌溉优化。佟长福等（2005）对呼伦贝尔草原燕麦的需水规律进行研究，研究表明，燕麦需水高峰期在 7 月下旬至 8 月下旬。郑和祥等（2010）基于锡林郭勒草原试验资料和气象数据分别用直接法和 7 种间接法计算了苜蓿、披碱草等的作物需水量并进行了比较，并实现了 Penman-Monteith 法与其余 6 种方法的相互转换。姜峻等（2008）对称重式蒸渗仪系统进行了改进，并在农田蒸散研究中开展应用试验。

由于目前我国水资源严重短缺，研究非充分灌溉并将其推广成为解决水资源问题的有效途径。早在20世纪60年代，国内学者就已经对水分和作物的关系有了一定的研究。崔远来（2002）运用随机动态模型，以作物水模型为依据，对作物灌溉制度进行了优化；王仰仁等（2004）在考虑了作物水盐生产函数和农田水盐动态模型的基础上提出了咸水灌溉制度的模型；郭克贞等（2004）研究了人工牧草节水高产灌溉的若干问题，并用动态规划方法进行了节水灌溉制度优化。徐冰等（2012）基于田间试验，以西藏高寒牧区典型人工牧草（燕麦）为研究对象，运用ISAREG模型建立了人工饲草地非充分灌溉制度。郭克贞等（2007）通过分析需水量与多年生人工牧草干草产量、水分利用效率和边际产量之间的关系，并以水分利用效率最高为原则确定了干旱地区人工草地多年生人工牧草不同水文年的灌溉制度。

虽然关于灌溉制度优化的模型已有很多，如随机动态模型、SWAP模型、ISAREG模型等，但是建立适合西藏高寒牧区人工牧草的灌溉制度优化模型目前仍处于探索时期，现阶段仅有水利部牧区水利科学研究所对燕麦在海拔4000m左右地区的灌溉制度进行了较为系统的研究。随着我国高寒干旱地区灌溉草地的发展，适合青藏高原不同海拔地区（如2500～3000m、3000～3500m、4500m以上）典型牧草（如绿麦草、披碱草、紫花苜蓿、豌豆草等）的需水量、灌溉制度优化研究亟待开展。

综上所述，多年来作物需水量及灌溉制度等一直是农田水利学科的研究重点和热点，国内外关于各种作物（牧草）水分生理、需水量的研究已有大量成果，先进的优化灌溉制度模型方法在世界范围内得到大量应用。受地域限制，燕麦的需水研究主要集中于巴基斯坦、澳大利亚、美国和我国内蒙古、甘肃等寒冷、干旱的低海拔（1000～3000m）国家和地区，对海拔4000m及以上地区燕麦的水分生理、作物系数、需水规律、灌溉制度等研究尚属空白。

关于青稞的研究主要集中于我国藏区，以育种、栽培、种植、加工为主，需水量研究也有少量涉及，尚未能大范围展开，尤其是海拔4200m以上地区青稞的需水量、灌溉制度成果鲜见报道。

世界范围内ET_0的相关研究始终是农业水土、气象领域的热点，联合国粮食及农业组织（FAO）已给出了世界范围内不同地区 ET_0 的适宜计算参数和方法，但在高海拔地区，特别是海拔 4000m 以上地区基于实测资料的 ET_0 计算方法及参数的率定至今仍属空白，相关研究亟待加强。

1.2 研究内容与意义

1.2.1 主要研究内容

本书针对西藏人工草地灌溉基础理论与技术研发的薄弱环节，以青稞、燕麦为研究对象，研究西藏不同地区饲草作物水分生理特性、需耗水规律、灌溉制度，确定西藏地区地面灌溉关键技术参数，提出节水高效稳产技术模式，填补高寒地区灌溉基础理论研究空白，为西藏地区灌溉人工饲草料地持续健康发展提供技术支撑。研究技术路线图如图 1-1 所示。主要内容有以下几点。

1．西藏典型饲草作物水分生理特性研究

通过野外定量观测，研究西藏高寒牧区（以当雄县为例，海拔 4250m）、农区（以拉萨市郊为例，海拔 3650m）典型人工牧草（燕麦）生理特性与气象因子、水分条件的响应关系；构建气象因子与牧草生理指标的回归关系；分析水分胁迫条件下牧草典型生理指标的变化趋势，为牧草生长关键性土壤水分指标和需水关键期的确定提供理论依据。

2．西藏高海拔地区参考作物腾发量（ET_0）研究

针对西藏高海拔地区气象站点缺少、气象数据获取相对较难以及高海拔地区气象条件复杂多变的现实，开展已有 ET_0 简化计算方法对比分析，在此基础上，对适宜高海拔地区的 ET_0 简化计算方法改进，优选出高海拔地区缺测气象数据条件下适宜的 ET_0 计算方法；基于遗传神经网络（GA-BP），提出适宜西藏高海拔地区 ET_0 计算的预测方法，为计算饲草作物的需水量奠定基础；同时利用 37 个气象站多年实测气象资料对西藏全区的 ET_0 时空变异性展开分析。

3．西藏不同地区典型饲草作物耗水规律研究

基于野外试验，针对西藏 4000m 以上的高寒牧区和 4000m 以下的农区典型饲草作物耗水量、耗水规律与水分生产率开展研究，为西藏不同地区典型饲草作物灌溉制度的制订、草地灌溉工程规划与设计提供科学依据。

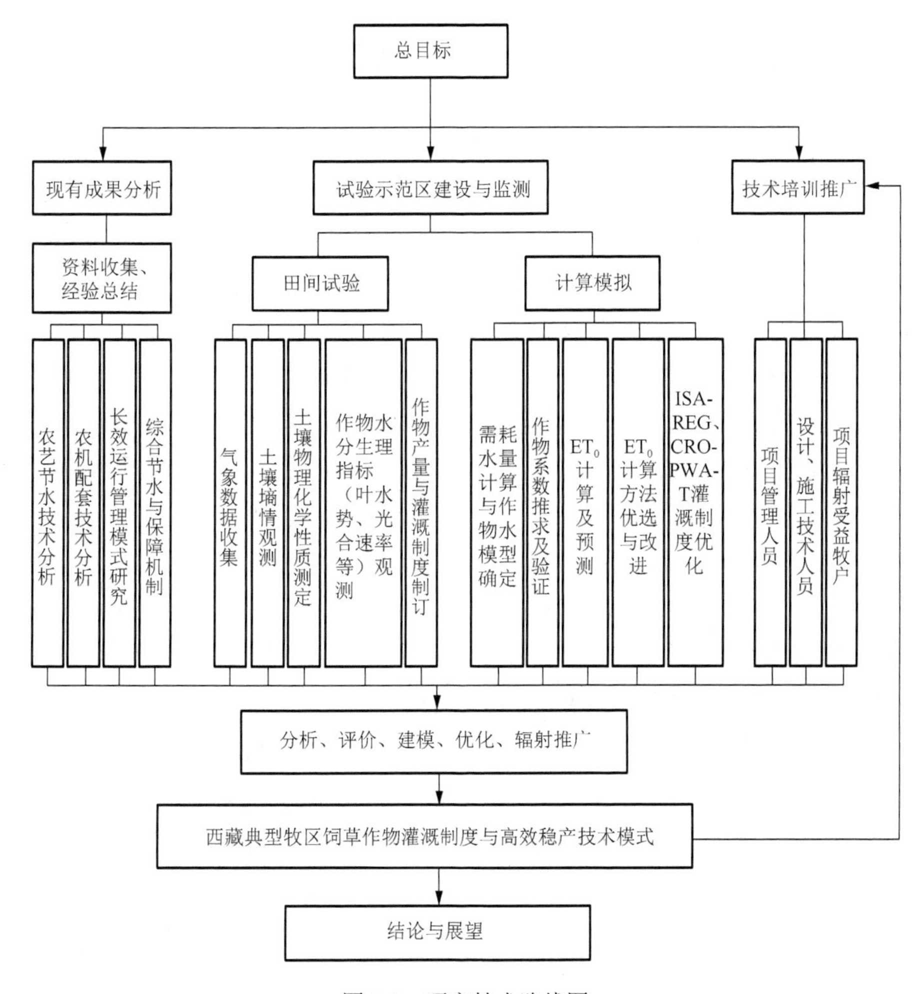

图 1-1 研究技术路线图

4．西藏不同地区地面灌溉关键技术参数确定

在明确西藏典型饲草作物耗水规律的基础上，基于野外定量实测及室内参数校核，运用 ISAREG、CROPWAT 模型开展典型饲草作物优化灌溉制度研究，确定西藏不同地区作物灌水定额、灌水时间等地面灌溉关键技术参数。

5．西藏不同地区饲草作物节水高效稳产技术模式研究

针对西藏地区缺少田间综合技术的应用、管理粗放、发展模式单一等实际问题，通过田间试验，探索适合西藏不同地区饲草作物高效稳产的技术模式（农区饲草燕麦多轮刈割技术模式、农区青稞-冬小麦-混播禾豆轮作技术模式和高寒牧区饲草燕麦与青稞单种技术模式）。

1.2.2　西藏发展灌溉人工饲草料地的意义

1．促进边疆繁荣稳定，战略和政治意义重大

西藏是我国五大牧区之一，是青藏高原的主体，是我国重要的生态和国防安全屏障。牧区天然草原面积 10.6 亿亩[①]，约占全区面积的 60%。牧区现有牧业、半牧业县 38 个，牧区总人口 136.44 万人，占全区总人口的 45%。草原是藏族形成和发展的依托，草原畜牧业是牧民赖以生存和发展的基础。全国多地实践证明，发展灌溉人工饲草料能够缓解草畜矛盾、保护草原生态、促进牧民增收，事关牧区的繁荣稳定，影响国防安全、生态安全、边疆稳定和民族团结，具有十分重要的战略地位和政治意义。

2．对实现牧区生态保护和牧民增收的“双赢”意义重大

西藏草地资源主要由草原、草山、草坡和滩涂草地等组成，可初步分为 8 个大类，18 个亚类，40 余个草地类型。高寒缺氧、土壤贫瘠，水、热资源时空分配不均导致草地生态系统抗逆性能力较低。加之气候变化和超载过牧，50%以上的草原出现退化，草地载畜能力平均下降 30%～50%，超载 30%以上，依靠天然草原已经不能满足牧区畜牧业发展的需要，只有科学发展灌溉人工饲草料地，增加饲草供给，缓解天然草地压力，才能实现牧区生态保护和牧民增收的“双赢”。

3．促进水资源高效利用，保障最严格水资源管理制度的实施

西藏水资源相对丰富，多年平均水资源总量为 4394.54 亿 m^3，占全国水资源量的 16%，人均水资源量 14.5 万 m^3，水资源总量、人均水资源量均居全国第一。然而，截至 2013 年底，西藏牧区节水高效灌溉人工饲草料地约 10 万亩，不足牧区灌溉饲草料面积的 15%。由于缺乏科学灌溉技术及配套农业技术的应用，草地灌溉水利用率不足 35%，仅为全国平均的 70%，水资源浪费严重。一些地区灌溉草地产草量不足其他地区的 50%，另一些地区甚至出现灌溉后减产的现象，严重影响区域发展灌溉人工草地的积极性。因此，应用优化节水灌溉制度和技术，发展节水高效灌溉人工饲草料地，实现“节水增效”，对促进水资源高效利用，保障最严格水资源管理制度的实施意义重大。

---

① 1 亩≈666.7m^2。

1.3　研究方法

1.3.1　研究对象的选择

本书选择当地普遍种植的燕麦和青稞作为研究对象，品种分别为“青海 444”（燕麦）和“藏青 320”（青稞）。

1．燕麦

燕麦属禾本科，是一年生草本植物，《本草纲目》中称之为雀麦、野麦子。无论是作为精料、青饲料还是调制干草，燕麦都具有丰富的营养物质和良好的适口性。燕麦在西藏地区特殊的自然环境条件下有着独特的适应能力，具有耐寒、产草量高、品质好、抗逆性强的特点。2004 年西藏成功引种以来，燕麦受到牧民广泛欢迎，已成为当前西藏地区主要饲草作物。

2．青稞

青稞是禾本科大麦属的一种禾谷类作物，是青藏高原重要的传统农作物之一，种植面积占粮食播种面积的 60%以上，是牧民的主要食物来源。因其内外颖壳分离，籽粒裸露，故又称裸大麦、元麦。青稞主要产自我国西藏、青海、四川、云南等地，是藏族人民的主要粮食。青稞在青藏高原具有悠久的栽培历史，距今已有 3500 年，从物质文化之中延伸到精神文化领域，在青藏高原上形成了内涵丰富、极富民族特色的青稞文化。青稞具有丰富的营养价值，已推出了青稞挂面、青稞馒头、青稞营养粉等青稞产品。在药性功效方面，青稞具有补脾、养胃、益气、止泻、强筋力之功效。青稞籽粒是良好的精饲料，茎秆质地柔软，富含营养，蛋白质含量可达 14%，饲用价值较高。由于其种植面积大，栽培技术相对成熟，可作为高原地区牲畜冬季的主要饲草之一。

1.3.2　研究区概况

根据气候及畜牧业生产方式，本书以当雄县与拉萨市郊为典型研究区开展相关田间试验与理论研究。

1．当雄县

当雄县位于西藏自治区中部稍偏北，与西藏主要牧区——那曲比邻，处藏南与藏北的交界带，南距拉萨市170km，总人口3.6万，属纯牧业县，牧民以天然放牧牦牛为主。当雄县属高原寒温带半干旱季风气候，干燥、寒冷、多风。多年平均降水量481mm，集中在6～9月；年平均气温1.3℃；年日照时数 2880h，光照充足，昼夜温差大。平均海拔4250m，可利用草地面积 1050 万亩，以高寒草甸草原和高寒草原为主，被称为羌塘草原的缩影，基本可代表那曲等西藏海拔4000m以上高寒牧区的气候特点和农牧业生产方式。

2. 拉萨市郊

拉萨市位于西藏自治区东南部，平均海拔 3650m，属于高原温带半干旱季风气候。年平均气温7.4℃，年降水量为300～510mm，集中在6～9月，多夜雨。年日照时数为3000h以上，太阳辐射强，昼夜温差大，年无霜期为 100～120d。拉萨市宜农土地约 100 万亩、宜牧土地约3000万亩，多种植青稞、油菜等农作物，兼有少量牧草，以饲养牛、羊为主，是西藏较好的农产区和畜牧业产区之一。其气候特点和农牧业生产方式对海拔 4000m 左右的日喀则、山南等农区和农牧交错区具有一定代表性。

1.3.3 观测内容与方法

1. 试验设计

（1）当雄县试验区。试验区位于当雄县草原站内，距当雄县政府所在地当曲卡镇3km。研究采用田间小区对比试验。主要供试饲草作物为青稞（“藏青320”）和燕麦（“青海444”），其中青稞播种量为11.5kg/亩，燕麦 12.5kg/亩。青稞、燕麦牧草全生育期内均施肥两次，其中底肥为腐熟干粪为300kg/亩，尿素15kg/亩；拔节到抽雄期追施尿素5kg/亩。每种作物设 7 个试验处理，每个处理 3 次重复，每个试验小区的净面积为$5m\times12m=60m^2$。各试验小区周边用高为30cm的田埂分割。为防止地面灌溉串水和小区间地下水侧向渗漏，每一处理间设保护隔离区，宽为1m。试验采用地面灌溉，各处理按土壤水分加以控制，参照灌溉试验规范要求，设适宜水分处理、中等水分处理，以及不同生育阶段缺水处理等6个处理，并以不灌溉为对照。

试验处理设计如表1-1，小区布置如图1-2。

表 1-1 当雄县试验区燕麦（青稞）试验设计 （单位：%）

处理	编号	各阶段水分条件				
		出苗前	苗期	拔节期	抽雄期	灌浆期
水分适宜（CK）	Y(Q)1	70	70	70	75	70
中等水分条件	Y(Q)2	60	60	60	65	60
苗期干旱	Y(Q)3	不灌	不灌	70	70	70
抽雄期干旱	Y(Q)4	70	70	70	不灌	70
灌浆期干旱	Y(Q)5	70	70	70	70	不灌
畦田自然状态	Y(Q)6	—	—	—	—	—
苗期充分灌溉	Y(Q)7	70	苗期灌两次其他生育期不灌			

注：表中含水率均为下限值，上限为田间持水量；各阶段水分条件指占田间持水量的百分比（%）。下同。

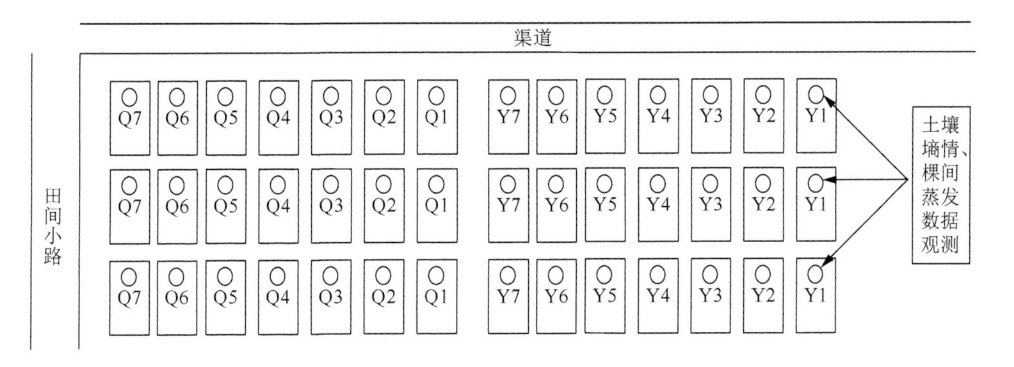

图 1-2 当雄县试验区布置图

（2）拉萨市郊试验区。该试验区位于拉萨市西郊的国家级农业示范园区——西藏现代农业示范园区内。采用田间小区对比试验，主要供试作物为燕麦，品种为青海 444，播种量为 12.5kg/亩。牧草全生育期内共施肥两次，其中底肥腐熟干粪 200kg/亩，尿素 10kg/亩；拔节-抽雄期追施尿素肥 5kg/亩。播种方式采用条播，行距 25cm，灌水方式为地面灌溉。设充分灌溉处理、不同生育阶段缺水处理和畦田自然生长等 5 个处理，每个处理各重复 3 次，每个试验小区净面积为 $6\text{m}\times10\text{m}=60\text{m}^2$，各试验小区周边用高为 30cm 的田埂分割。为防止地面灌溉串水和小区间地下水侧向渗漏，每一处理间设保护隔离小区，隔离区宽为 1m。拉萨市郊试验区布置如表 1-2、图 1-3 所示。

表 1-2　拉萨市郊试验区燕麦试验处理　（单位：%）

处理	编号	各阶段水分条件				
		出苗前	苗期	拔节期	抽雄期	灌浆期
水分适宜（CK）	Y1	70	70	70	70	70
苗期缺水	Y2	70	50	70	70	70
苗期-拔节期缺水	Y3	70	50	50	70	70
拔节-抽雄期缺水	Y4	70	50	50	50	70
只有播前灌	Y5	70	不灌	不灌	不灌	不灌

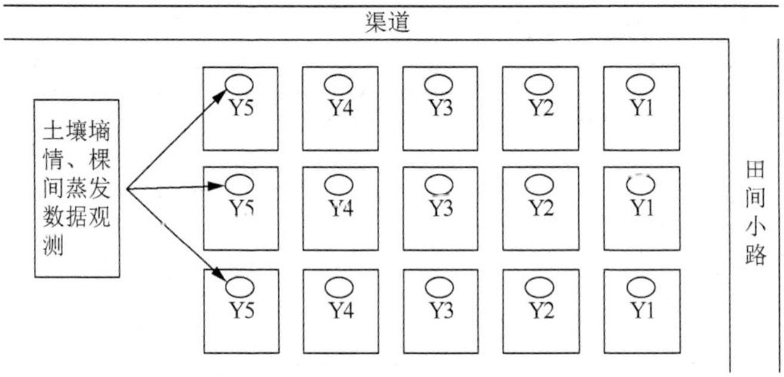

图 1-3　拉萨市郊试验区布置图

2．生育阶段与计划湿润层

根据当雄县试验区和拉萨市郊试验区的气候条件，燕麦、青稞生育期划分如表 1-3、表 1-4 所示。

表 1-3　当雄县试验区燕麦、青稞生育期划分

生育期	出苗前	苗期	拔节期	抽雄期	灌浆期
青稞生育期起止时间	6 月上旬～6 月下旬	6 月下旬～7 月上旬	7 月上旬～7 月中旬	7 月下旬～8 月中旬	8 月下旬～9 月上旬
燕麦生育期起止时间	6 月上旬～7 月上旬	7 月上旬～7 月中旬	7 月中旬～7 月下旬	7 月下旬～8 月下旬	8 月下旬～9 月上旬

表 1-4　拉萨市郊试验区燕麦生育期划分

生育期	出苗前	苗期	拔节期	抽雄期	灌浆期
起止时间	5月上旬～5月中旬	5 月中旬～5 月下旬	6 月上旬	6 月中旬～7 月中旬	7 月下旬～8 月下旬

当雄县试验区和拉萨市郊试验区的土壤结构基本类似，均为沙壤土，土层厚 25～30cm，其下为细沙、碎石。计划湿润层深度如表 1-5 所示。

表 1-5 燕麦（青稞）计划湿润层深度 （单位：cm）

生育期	出苗前	苗期	拔节期	抽雄期	灌浆期
计划湿润层	10	10	20	30	30

3．观测内容

采样与分析：试验观测内容主要包括气象资料、土壤特性、作物生长状况及净灌水量和灌水时间。

（1）气象资料。当雄县试验区气象资料来源于当雄县气象站。拉萨市郊试验区气象资料来源于田间气象站。包括日均气压、日均气温、最高气温、最低气温、日均水汽压、日降水量、日照时数、相对湿度、2m高处风速。

（2）土壤特性。土壤特性主要包括耕作层容重、田间持水量、土壤颗粒级配、含水率等。

① 土壤物理特性。经测定，拉萨市郊试验区耕作层土壤容重1.5g/cm^3、田间持水量 25.9%（占体积的百分比）、体积饱和含水率36.01%、土质为沙壤土；当雄县试验区耕作层土壤容重 1.44g/cm^3、田间持水量 23.5%（占体积的百分比）、体积饱和含水率 35.3%、土质为沙壤土。

② 土壤含水率。7d 测量一次，灌溉前后加测一次，采用时域反射仪（time domain reflectometer，TDR）进行实时观测。为保证测试的准确性，每两个月采用烘干法对 TDR 进行校核。

③ 土壤蒸发。依据灌溉试验规范，依托自制蒸渗器（测桶），在小区中直接测量作物不同生育阶段的土壤蒸发数据。不下雨时，1d 测量一次，每 7d 为测桶换取一次原状土；降水与灌水后，重新为测桶换取原状土。

（3）作物生长状况。

① 生长进程。从播种开始进行日常的测量工作、记录播种时间、出苗时间、出苗情况和返青时间、返青情况，以及各生育阶段的进入时间和最终收获时间。

② 主要生育指标。主要生育指标包括植株高度（15 天测定一次）、叶面积指数、根系长（每生育期测定一次）和产量［燕麦刈割前测定鲜草重和干草重（阴干称重），以及鲜干比］。样方面积 1m×1m。

③ 主要生理指标。气孔导度［mol/(m^2·s)］、蒸腾速率［mmol/(m^2·s)］、净光合速率［μmol/(m^2·s)］采用 LCpro+光合作用仪进行测量。在晴天微风气象条件下，选取 3 株生长良好、颜色鲜艳、大小正常的作物叶子进行测定，每个样品至少重复 3 次，时间间隔为 1h。

（4）净灌水量和灌水时间。依据灌溉前测定的土壤含水率，根据设定的含水率下限计算后确定灌水定额。采用水泵抽水和测桶浇水方式，每次灌水后记录灌溉时间和灌溉水量（表 1-6、表 1-7）。

表 1-6 拉萨市郊试验区净灌溉数据 （单位：mm）

灌水处理	灌水量				
	灌溉期 1	灌溉期 2	灌溉期 3	灌溉期 4	总净灌水量
Y1	35（A）	39（B）	40（C）	27（D）	141
Y2	35（A）	0	40（C）	37（D）	112
Y3	35（A）	0	20（C）	30（D）	85
Y4	35（A）	0	20（C）	0	55
Y5	35（A）	0	0	0	35

注：A 表示播种前灌溉；B 表示作物处于苗期时进行灌溉；C 表示处于拔节期时进行灌水；D 表示处于抽雄初期时进行灌水；抽雄后期-刈割时雨水较多不用灌溉。

表 1-7 当雄县试验区净灌溉数据 （单位：mm）

灌水处理	灌水量				
	灌溉期 1	灌溉期 2	灌溉期 3	灌溉期 4	总净灌水量
Y1	54（A）	42（B）	54（D）	42（E）	192
Y2	54（A）	0	54（D）	42（E）	150
Y3	0（A）	0	54（D）	42（E）	96
Y4	54（A）	0	0（D）	42	96
Y5	54（A）	0	54（D）	0	108
Y6	0	0	0	0	0
Y7	54（A）	42（B）	0	0	96

注：A 表示播种前灌溉；B 表示作物处于苗期时进行灌溉；D 表示处于抽雄期时进行灌水；E 表示处于灌浆期初期时进行灌水；另外，拔节期当地雨水充足不进行灌溉。

第 2 章　西藏地区燕麦水分生理特性及其与气象因子关系

研究表明，土壤含水量本身不是令人最满意的表征水分有效性的指标。叶水势、光合等作物生理指标对环境，特别是土壤水分、大气温湿变化较为敏感，是反映作物体内水分盈缺状况的理想指标，对揭示作物水分循环过程和需水规律意义重大。西藏地区海拔高（平均在 4000m 左右），空气稀薄，辐射强、空气干湿变化大（日温差可达 20℃），在这种独特的自然环境下，饲草作物水分生理活动的变化趋势，气候影响因素研究等一直是薄弱环节，尤其对于海拔 4000m 以上地区的相关研究在世界范围内长期处于空白状态。为此，本章以燕麦为例，对不同水分条件下净光合速率（P_n）、蒸腾速率（E）、气孔导度（G_s）、叶水势（ψ_L）等主要生理特性指标的变化规律及其与西藏地区典型气象因子大气温度（T）、太阳辐射（R_s）、空气相对湿度（RH）之间的关系进行研究，旨在填补该领域的空白，确定西藏不同地区燕麦生理特性的水分响应关系及其主要气候影响因子，为确定土壤含水率适宜控制指标和揭示燕麦需耗水规律奠定理论基础。

2.1　水分生理指标及气象因子的选取及测定

2.1.1　典型气象因子的选取及测定

日温差大、太阳辐射强、空气干湿变化大是西藏地区的主要气候特点。因此，本书选取大气温度（T，℃）、太阳辐射［R_s，MJ/(m^2·h)］和空气相对湿度（RH，%）作为典型气象因子进行研究。其中 RH 与 T 来源于当雄县气象局和拉萨市郊的田间气象站，均为逐日地面气象资料。R_s 的计算公式主要参考联合国粮食及农业组织 1998 年出版的 *Crop Evapotranspiration Guidelines for Computing Crop Water Requirements*，由式(2-1)～式(2-3)计算得到。其中当雄县试验区地理位置为东经 83°23′，北纬 29°46′；拉萨市郊试验区地理位置为东经 90°45′，北纬 29°31′。当雄县试验区饲草作物全生育期的年内日序数为 151～269d，拉萨市郊试验区为 123～228d。

$$R_a = \{12\times 60\times G_{sc}\times d_r\times[(\omega_2-\omega_1)\times\sin\Phi\times\sin\delta+\cos\Phi\times\cos\delta\times(\sin\omega_2-\sin\omega_1)]\}/\pi \tag{2-1}$$

$$R_s = \left(0.25+0.5\times\frac{n}{N}\right)\times R_a \tag{2-2}$$

$$\delta = 0.409\sin(\frac{2\pi}{365}J-1.39) \tag{2-3}$$

式中，R_a——大气顶层辐射，MJ/(m^2·h)；

R_s——太阳辐射，MJ/(m^2·h)；

G_{sc}——太阳常数，0.082；

d_r——相对日地距离的倒数；

δ——太阳磁偏角，rad；

Φ——地理纬度，rad；

ω_1（ω_2）——时段初（末）太阳时角，rad；

n——实际日照持续时间，h；

N——最大可能的日照持续时间或日照时数，h；

J——该日在年内的日序数，d。

2.1.2 典型水分生理指标的选取及测定

植物水分生理是研究和阐明水对植物生活的意义，植物对水的吸收，水在植物体内的运输和向大气的散失（蒸腾作用），以及植物对水分胁迫的响应与适应关系的学科。其中，植物光合及水分传输特性是当前学界的研究热点。因此，本章针对西藏地区燕麦的生长特点，选取净光合速率（P_n）、蒸腾速率（E）、气孔导度（G_s）、叶水势（ψ_L）为典型水分生理特性指标开展相关研究。

1．当雄县试验区

在晴天、微风气象条件下，选取 3 株灌水充分、生长良好、颜色、大小正常的燕麦叶片（苗期选择第二片叶片；拔节期、抽雄期、灌浆期均选择第三片叶片），应用 PSYPRO 型露点水势仪测定叶水势（ψ_L，MPa），时间间隔为 1h。通过对数据采集当日的气象状况进行甄选，选择晴天、微风、日照良好的观测日期的数据进行分析，在燕麦苗期、拔节期、灌浆期，选择测定的日期分别为 6 月 30 日、7 月 16 日和 8 月 26 日。由于燕麦抽雄期对水分敏感度较大，所以对其 ψ_L 进行了一系列观测，综合考虑天气状况，最终选择测定时段为 8 月 7 日～8 月 12 日。

在灌水充分、日照充足、温度适宜的情况下，采用 LCpro+光合作用仪对燕麦气孔导度［G_s，mol/(m^2·s)］、蒸腾速率［E，mmol/(m^2·s)］、净光合速率［P_n，μmol/(m^2·s)］进行测量。选取 3 株生长良好、颜色鲜艳、大小正常的燕麦叶子进行测定，每个样品至少重复 3 次，时间间隔为 1h。在综合数据采集当天气象状况的基础上，考虑到燕麦拔节期、抽雄期营养生长最旺盛，作物与外界能量、物质交换频繁，因此采用 7 月 19 日 7:00 至 19:00 所观测的 G_s、E 与 P_n 数据进行分析。

采用 SPSS 19.0 软件进行数据分析。

2. 拉萨市郊试验区

测定方法与当雄县试验区相同。综合气象状况，在燕麦生育期内选取最优的数据采集日期进行观测，苗期（6 月 4 日）、拔节期（6 月 11 日）、抽雄期（7 月 1 日）、灌浆期（7 月 29 日）选取 3 株生长良好、颜色鲜艳、大小正常的燕麦叶子进行测定，每个样品至少重复 3 次，时间间隔为 1h。

采用 SPSS 19.0 软件进行数据分析。

2.2　气象因子与燕麦生理指标的响应关系

本节以当雄县试验区饲草燕麦为研究对象，分析叶水势、气孔导度、蒸腾速率、净光合速率与主要气象因子的关系。

2.2.1　不同生育期燕麦叶水势日变化规律

分析表明，燕麦各生育期的 ψ_L 日变幅较大，最高可达 6MPa，明显大于低海拔地区的 ψ_L 日变幅。其变化规律如下（图 2-1）：

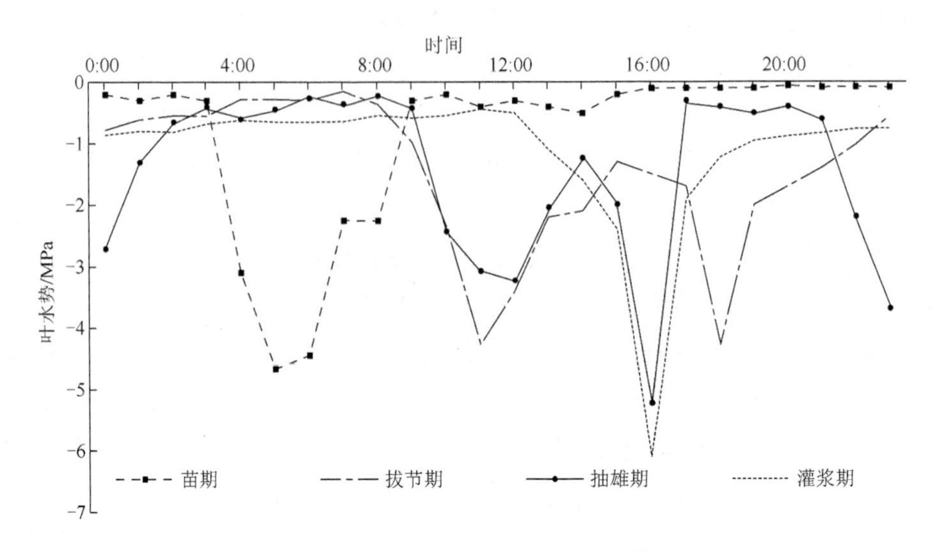

图 2-1　叶水势在不同生育期日变化情况

1．苗期

ψ_L 的变化多在晚上发生，变化趋势呈单波谷“V”形，ψ_L 最低点出现在凌晨，最低值为−4.67MPa。ψ_L 的低谷共持续约 5h，此时 T 较低，R_s 较小，RH 较大。ψ_L 于 9:00（本书时间统一采用北京时间，当地地方时与北京时间时差为 2h）达到较高值−0.3MPa，之后波动不大，并保持缓慢持续走高的态势，这与白天 T 较高、R_s 较大有关。苗期叶片发育尚不成熟，ψ_L 值偏高可避免幼苗叶片日间所受辐射过多以致细胞受损，也可避免蒸腾能力过盛致使作物受到水分胁迫影响。ψ_L 夜间变化多于白天，在一定程度上反映出燕麦苗期晚上与外界水分交换频繁，水分生理活动较白天旺盛。由此推知，燕麦在幼苗期对夜间低温环境具有较好的适应性，高温与强光照反而会抑制燕麦幼苗的生长发育，这与幼苗期根系尚不发达、气孔细胞开闭机制尚不成熟有关。

2．拔节期

该时期燕麦营养生长旺盛，与外界水分交换频繁，ψ_L 日间有明显波动趋势。ψ_L 值在晚上较高，而在白天有两个明显的波谷，呈“W”形，分别出现在 10:00～11:00，最低值为−4.27MPa；18:00 左右，最低值为−4.28MPa。上午日出后 ψ_L 开始逐渐降低，这是由于光照充足，R_s 持续增强，温度逐渐上升，此时燕麦会降低自身组织水势以吸收更多的水分参与水分生理活动。中午，温度达到一天的最高值，此时，燕麦通过调节气孔开闭，提升自身水势，以降低蒸腾作用导致的水分缺失。其后，随着日落，大气温度开始回落，ψ_L 再次降低，以此来促使作物吸收更多水分，直至 21:00 左右（日落）ψ_L 回复到较高值-1.7MPa，作物从外界吸收水分减缓。该变化趋势与郭克贞等（2008）对毛乌素沙地人工牧草的ψL 日变化趋势研究结论类似。燕麦在拔节期对气象因子的变化已有一定适应性，拔节期燕麦白天水分生理活动开始强于夜间。

3．抽雄期

该时期是燕麦营养器官制造和积累有机物的关键时期，ψ_L 日变化同拔节期 ψ_L“W”形波动趋势类似，有两个波谷出现，第一个波谷出现时间与拔节期一致，最低值为-3.23MPa；第二个波谷较拔节期提前约 2h，最低值为-5.22MPa，可能和当天多云，阳光直射少的气象状况有关。ψ_L 变化总趋势为早晨和晚上较高，白天水分生理活动旺盛，ψ_L 值显著降低，且出现较大波动。14:00 左右，ψ_L 处于较高值（-1.24MPa），此时燕麦为应对光照过强、空气干燥，G_s 迅速降低，保卫细胞失水收缩，部分气孔关闭。即通过短暂“午休”来适应气象因子变化，达到调控体内水分平衡的目的。

4．灌浆期

该时期燕麦生殖生长逐渐代替营养生长，ψ_L 总体较高。一天中 ψ_L 只出现一个低谷，在下午 16:00 左右，变化趋势呈“V”形，最小值为-6.1MPa。ψ_L 出现低谷的时间同燕麦拔节期、抽雄期 ψ_L 第二个波谷出现的时间基本一致。由此证明充分灌溉条件下，每天 16:00～18:00 水流驱动力最大，促使水分不断从土壤进入根部。一定程度上表明，这一时期水分生理活动旺盛，是燕麦把能量转化为有机物的关键时期，此时发生水分胁迫，会影响牧草生长。

2.2.2　燕麦叶水势与气象因子的关系

在充分灌水条件下，燕麦叶水势（ψ_L）的日变化趋势不仅受其本身所处不同生育期影响，而且与气象因素紧密相关。燕麦拔节期对水分敏感度最大，研究的意义也较大，因此本小节对拔节期（8 月 7 日至 8 月

12 日）ψ_L 的平均值与各气象因子的平均值进行分析研究，结果如图 2-2 所示。

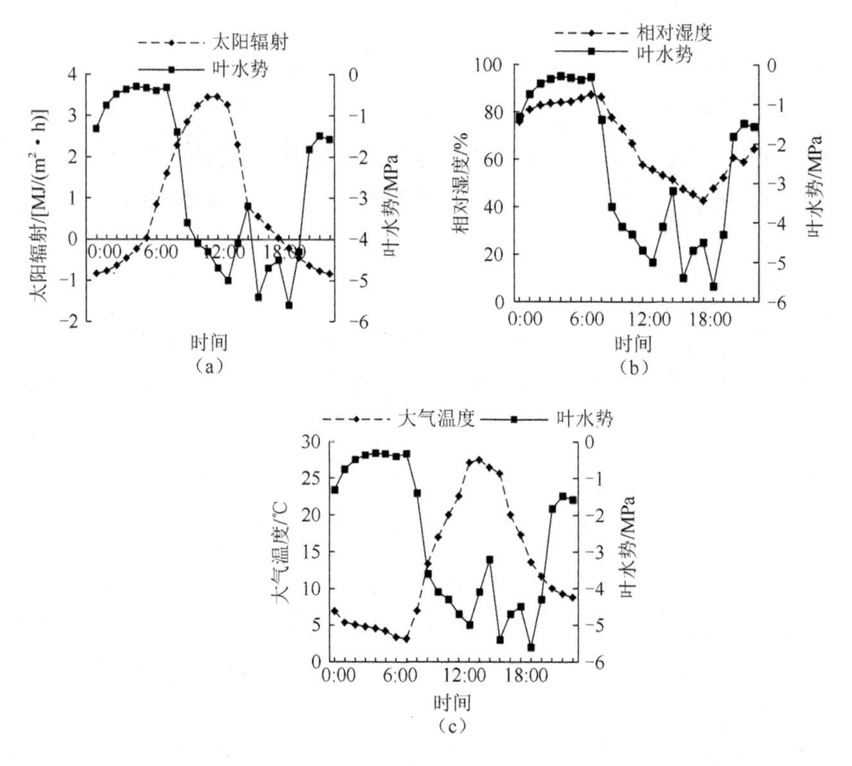

图 2-2　叶水势与主要气象因子日变化关系

1. 叶水势（ψ_L）与太阳辐射（R_s）日变化关系

将 R_s 与 ψ_L 进行回归分析可知（表 2-1），两者呈负相关关系。如图 2-2 所示，R_s 在凌晨 5:00 左右由负数变为正数，之后 2h 左右 ψ_L 开始由−0.32MPa 迅速降低；12:00 太阳辐射最强，达到 3.45 MJ/(m^2·h)，ψ_L 于 13:00 降至第一个低谷值（−5MPa），此后温度持续上涨，水流驱动力增大，ψ_L 略有升高，至−3.2MPa 后又迅速降低。在 R_s 明显呈单峰变化的情况下，ψ_L 的这种波动可能是受到了其他气象因子的影响。太阳辐射在 19:00 左右由正数变负数，之后 1h 左右 ψ_L 开始由最低值（−5.6MPa）迅速升高。由上述分析可知，ψ_L 的变化滞后于太阳辐射的变化。

表 2-1　燕麦生理指标与气象因子的敏感度分析

作物生理指数	气象因子	回归模型	相关系数 R^2	F 检验值
ψ_L	RH	ψ_L=−30.46+6.65ln(RH)	0.676**	45.413
	R_s	ψ_L=−2.066−0.647R_s−0.077R_s^2	0.353*	4.523
	T	ψ_L=−0.101−0.196T	0.728**	58.578
G_s	RH	G_s=−15.04+4.76ln(RH)	0.544*	14.344
	R_s	G_s=1.459+1.043R_s+0.213R_s^2	0.771**	18.542
	T	G_s=1.365+0.616T−0.019T^2	0.465*	4.337
E	RH	E=−43.544+2.481RH−0.021RH^2	0.504*	5.584
	R_s	E=12.121exp(0.2880R_s)	0.36*	6.180
	T	E=−19.369+13.897ln(T)	0.328*	5.867
P_n	RH	P_n=−43.465+2.198RH−0.0002RH^3	0.529*	6.173
	R_s	P_n=28.165+8.008R_s	0.354*	3.041
	T	P_n=12.947$T^{0.392}$	0.538*	8.166

* 表示在 0.05 水平上差异显著；** 表示在 0.01 水平上差异显著；n=24。

2．叶水势（ψ_L）与相对湿度（RH）日变化关系

将 RH 与 ψ_L 进行回归分析可知（表 2-1），两者呈正相关关系。如图 2-2 所示，日出（8:00 左右）后，RH 开始由最高值（87%）逐渐下降，18:00，当 RH 达到一天最低点（42.67%）时，ψ_L 为−4.5MPa，此时 ψ_L 在降低的大趋势下处于一个回升的小峰值，这可能与 RH 持续减小至最低点，叶片调节气孔开闭以避免燕麦失水过多有关。之后随着 RH 的回升，ψ_L 变化趋势为先达到最低值（−5.4MPa），于日落后迅速上升至−1.8MPa。

3．叶水势（ψ_L）与大气温度（T）日变化关系

将 T 与 ψ_L 进行回归分析可知（表 2-1），两者呈负相关关系。根据图 2-2 可知，在黎明时分（7:00 左右），T 为一天最低，为 3.15℃，此时 ψ_L 处于较高的−0.32MPa；日出后，随着 T 的持续升高，ψ_L 下降趋势明显，在 10:00，T 达到 16.97℃时，ψ_L 下降趋势减缓但仍在降低。14:00～15:00 T 达到一天内最高值（27.5℃），根系吸水难以满足作物蒸腾需要，为减小蒸腾失水，气孔保卫细胞发生闭合，出现短时间的“午休”现象；随后 T 逐渐降低，到 13.6℃时，ψ_L 降至一天最低值（−5.6MPa）。可见，持续高温会导致 ψ_L 回升，燕麦出现“午休”现象。

2.2.3　燕麦 G_s、E、P_n 的日变化规律

在西藏地区，燕麦需水关键期正处于雨季，多急雨、阵雨，雨后迅速放晴，气温迅速升高。由于本试验时间短，野外试验干扰比较大，数

据整理过程中部分时间段波动规律不明显，本章采用具有代表性的 7 月 19 日观测的 G_s、E 与 P_n 数据进行研究。当天天气晴朗、微风、温度与日照均适宜，在 12:00 与 15:00 分别有短时间降水，两次降水共计 2.2mm，降水后迅速转晴。

1．燕麦气孔导度（G_s）的日变化规律

气孔导度表示的是气孔张开的程度，影响光合作用、呼吸作用及蒸腾作用。植物在光下进行光合作用，经由气孔吸收 CO_2，所以气孔必须张开，但气孔开张又不可避免地发生蒸腾作用，气孔可以根据环境条件的变化来调节自己气孔开张度的大小而使植物在损失水分较少的条件下获取最多的 CO_2。

如图 2-3（a）所示，燕麦 G_s 的日变化呈“M”形，充分灌水条件下，日出前 G_s 为 4.5mol/(m^2·s)，日出后持续增加，9:00 左右，G_s 达到一天最高值，即 7.22mol/(m^2·s)，之后随着温度的升高略有降低。12:00 有短时间降水，此时 R_s 减少，G_s 达到一天内第一个低谷值［1.68mol/(m^2·s)］，G_s 短时间内迅速降低应和降水有直接关系。G_s 第二个峰值［6.01mol/(m^2·s)］出现在 15:00 左右，之后随 RH 的降低，R_s 减少，达到第二个低谷值［1.2mol/(m^2·s)］。

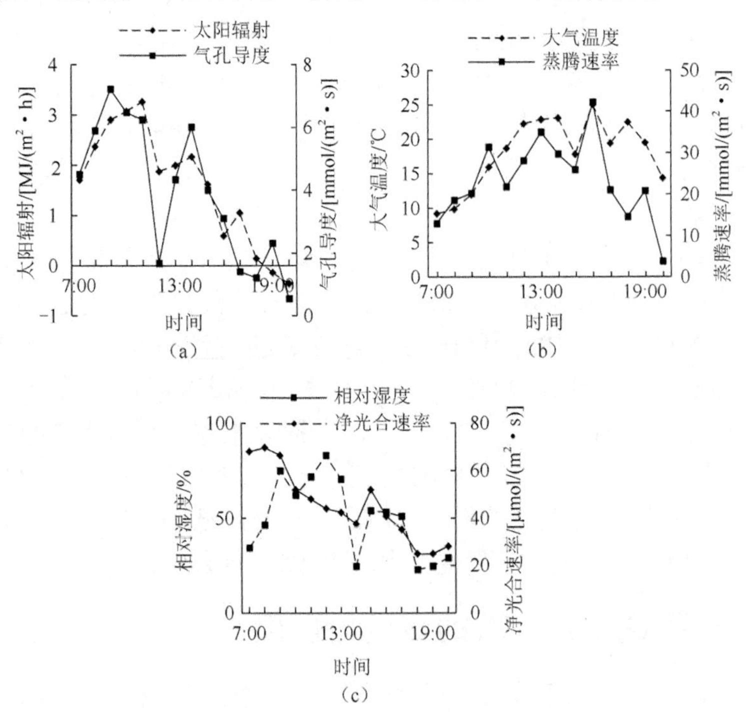

图 2-3　G_s、P_n、E 日变化规律图（7 月 19 日）

2．燕麦蒸腾速率（E）的日变化规律

蒸腾速率是指植物体单位面积的叶片在单位时间内蒸腾的水量。植物蒸腾速率的变化与土壤含水率、太阳辐射、大气温度、大气湿度及其气孔导度有直接关系。蒸腾作用是植物的重要生理过程，蒸腾作用可以促使植物对土壤水分的吸收，同时为无机离子的运输、营养物质的吸收提供动力。植物蒸腾能力的强弱在一定程度上反映了植物体本身适应干旱与调节体内水分平衡的能力。

如图 2-3（b）所示，燕麦 E 的日变化趋势总体为日出前［13mmol/(m^2·s)］和日落后［3.77mmol/(m^2·s)］较低，白天较高。日出后，作物的 E 迅速升高，于 10:00 左右达到第一个峰值［31.38mmol/(m^2·s)］，稍后略微降低并迅速回升。此后一天内又于 13:00、16:00、18:00 分别出现峰值，其值分别为 34.95mmol/(m^2·s)、42.31mmol/(m^2·s)、20.85mmol/(m^2·s)。国内很多对禾本科植物的研究表明，E 的日变化趋势多成“单峰”形，峰值多出现在 14:00 或 16:00，本书中燕麦 E 一天出现“多峰”变化，此现象可能与西藏地区特殊的气象条件有关。当雄县试验区位于高海拔地区，太阳辐射强；观测期正值雨季，此时多阵雨，空气干湿变化大，一天内 RH、T、R_s 变化较频繁，燕麦为适应环境因素变化，频繁调整气孔开闭，导致 E 出现多峰值、多起伏波动的变化趋势。

3．燕麦净光合速率（P_n）的日变化规律

净光合速率（P_n）：单位面积叶片在单位时间内的二氧化碳吸收量除去呼吸后的光合部分，净光合速率通常以单位时间内每平方分米叶面积吸收二氧化碳毫克数表示，是反映作物光合能力强弱的重要指标。

如图 2-3（c）所示，燕麦 P_n 的日变化情况呈“单峰”形，其中峰值出现在 9:00～12:00，P_n 于 9:00 达到 59.92μmol/(m^2·s)，和 G_s 第一个峰值出现的时间基本一致，说明在温度与太阳辐射适宜的情况下，G_s 与 P_n 呈完全正相关的关系，气孔的开闭对 P_n 有直接影响。此后 P_n 于 11:00 左右出现小波动，最低值为 49.7μmol/(m^2·s)。由于之前 G_s 持续走高，作物细胞内积累了大量氧气使其仍处于生理活动旺盛的阶段，P_n 于 12:00 达到最高值［66.46μmol/(m^2·s)］；此后 2h，P_n 出现低谷值［19.59μmol/(m^2·s)］，分析认为此次低谷值和该时间的轻微降水及多云天气有关，小范围降水以及多云天气会影响 P_n 的波动；P_n 第 2 次小峰值（此时 P_n 回复至正常波动趋势）［43.19μmol/(m^2·s)］出现在 15:00～18:00，

这次小峰值持续过程较长，但峰值较低；之后太阳辐射减少，温度降低，P_n随G_s变化有轻微起伏，并略微滞后于G_s的变化。

一天内P_n总体变化规律是上午净光合速率高于下午，峰值出现在上午，在高寒条件下，燕麦有较强的光合能力和多变气候的适应能力。

2.2.4　燕麦G_s、E、P_n与气象因子的回归关系

通过表2-1回归模型中决定系数及F检验值的分析可知，ψ_L对气象因子变化的敏感度排序为T>RH>R_s；燕麦G_s与气象因素的关系为R_s>RH>T；E与气象因素的密切关系为RH>R_s>T；P_n与气象因素的密切关系为T>RH>R_s。

2.3　水分胁迫对燕麦典型生理指标的影响

本节以拉萨试验区燕麦为研究对象，分析不同水分胁迫条件下蒸腾速率、净光合速率等的变化趋势。

2.3.1　蒸腾速率变化规律

1．充分灌溉条件下蒸腾速率（E）日变化规律

本小节列出了充分灌溉条件下，燕麦苗期（6月4日）、拔节期（6月11日）、抽雄期（7月1日）、灌浆期（7月29日）四个阶段的平均蒸腾速率日变化图（图2-4）。从图中可以看出，燕麦不同生育期的蒸腾速率变化趋势并不一致。苗期的蒸腾速率变化趋势呈现“双峰”形，两个波峰分别出现在12:00左右与17:00左右，由此可知，幼苗期的燕麦在强光照、强辐射的中午（13:00～15:00）会采取自我保护措施（关闭气孔），减小腾发速率，减小水分散失、避免灼伤。此时植株尚在发育初期，根系层较浅，植株吸水能力较弱，对恶劣的外界气象条件比较敏感。

拔节期的蒸腾速率变化趋势呈“多峰”形，且此阶段的峰值明显高于苗期的峰值，即使其在白天13:00与16:00的波谷值仍可达到40mmol/(m^2·s)，几乎与上一阶段峰值相当。该阶段燕麦营养生长处于活跃期，对于水分、矿物质及有机物需求较大，强光照、强辐射只能短时间影响植株的蒸腾速率，很快就会恢复峰值（波谷持续时间不超过2h）。抽雄期时的蒸腾速率也呈现“多峰”形的变化趋势，且峰值持续时间较长，此时不论白天的峰值［≥40mmol/(m^2·s)］，甚至早、晚时分

的波谷值也处于较高水平［≥17mmol/(m^2·s)］，该阶段植株仍处于营养生长旺盛的时期，蒸腾作用强劲，为水分、营养物质在植株体内运输提供动力保证。进入灌浆期，燕麦蒸腾速率开始恢复“双峰”形的变化趋势，此时是植株处于营养生长转生殖生长的时期，虽然峰值依然很高[最高点＞60mmol/(m^2·s)]，但高峰期持续时间较短，在 12:00 至 14:00 出现“午休”现象。

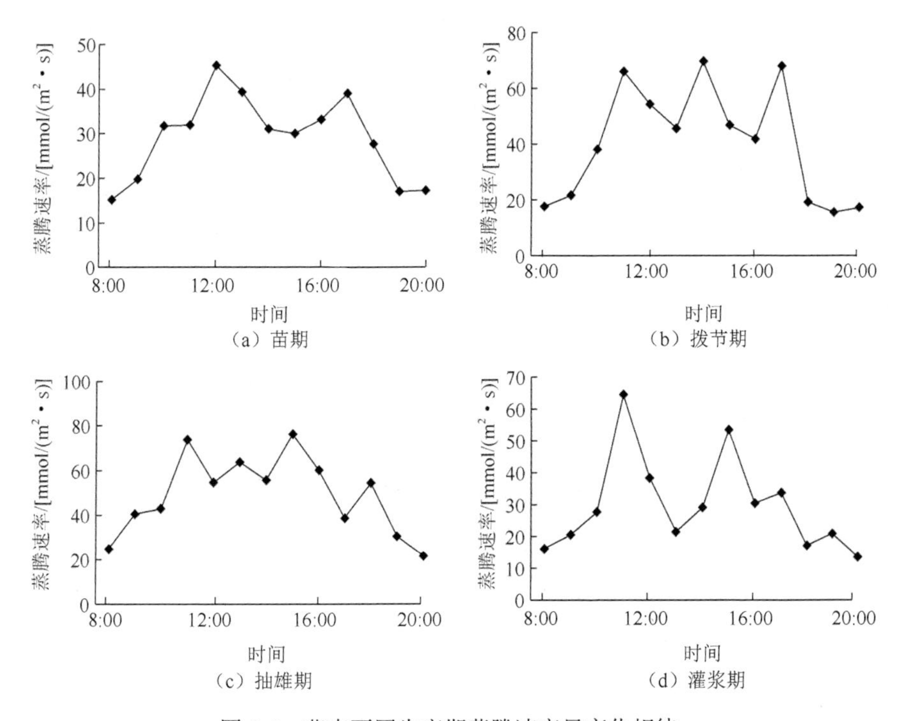

图 2-4　燕麦不同生育期蒸腾速率日变化规律

2. 不同水分处理对蒸腾速率（E）的影响

蒸腾速率的变化与植株自身根系的吸水能力有直接关系，当植株受到不同程度的水分胁迫时，对植株的蒸腾速率会有一定影响。通过 TDR 对土壤水分变化进行实时观测，当需要测量燕麦蒸腾速率时，对该时刻土壤含水率也进行观测。本试验开展时间较短，而且野外试验干扰因素也较大，在水分胁迫条件下，个别生育期作物生理指标随缺水变化不是很明显。因此，本书列出结果较清晰的燕麦拔节期受到土壤水分胁迫时，植株自身蒸腾速率的变化。如图 2-5 所示，充分灌溉的水分条件达到田间持水量的 72%，受到水分胁迫的两个处理（Y2、Y3）的含水率分别为田间持水量的 63%和 47%。在植株受到的水分胁迫不严重（63%）时，该阶段蒸腾速率在白天仍表现为“多峰”形的变化趋势，且在太阳辐射较强的中午蒸腾速率仍处于较高值，波谷不是很明显，总体变化趋势与充分灌溉处理（Y1）大致相当。但此时的蒸腾速率峰值普遍达不到充分灌溉处理的水平，这是植株本身防止水分过度散失的一种保护措施。在植株受到的水分胁迫较严重（47%）时，蒸腾速率的变化呈现“双峰”形，且峰值明显低于充分灌溉处理［差值≥20mmol/(m^2·s)］。此时，在日照较强、辐射较大的中午，植株的气孔部分选择关闭，防止发生脱水的现象。因此，本试验条件下，处于拔节期的燕麦土壤含水率不低于田间持水量63%的水平时，不会对该阶段燕麦蒸腾作用产生较大影响。

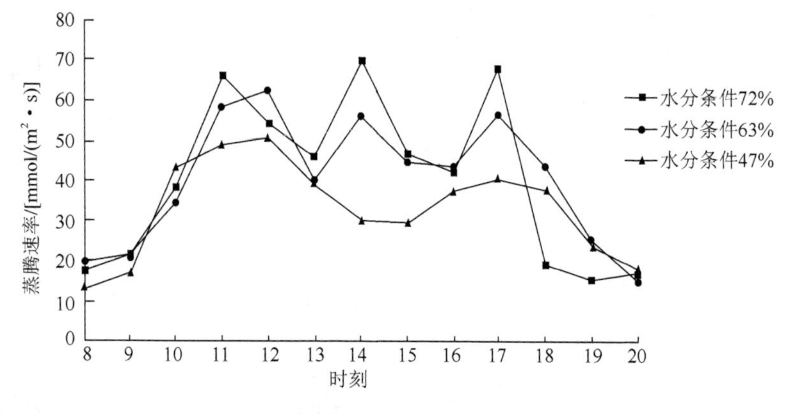

图 2-5　不同水分处理对燕麦蒸腾速率的影响

2.3.2　净光合速率变化规律

1．充分灌溉下净光合速率（P_n）的日变化规律

净光合速率［P_n，μmol/(m^2·s)］采用 LCpro+光合作用仪进行测量，测取条件与蒸腾速率一致。图 2-6 为燕麦净光合速率日变化图，从图中可以看出，燕麦不同生育期内的净光合速率变化趋势并没有固定的波峰波谷模型，但是其大体趋势一致，一天内总体是上午净光合速率高于下午，峰值出现在上午，该结论与内陆地区多数禾本科的净光合速率波动趋势类似。燕麦 P_n 在苗期、拔节期、抽雄期、灌浆期四个生育期内的最大值依次为 10.6μmol/(m^2·s)、9.9μmol/(m^2·s)、10.8μmol/(m^2·s)、9.3μmol/(m^2·s)。苗期在 12:00 与 16:00 出现较明显的波谷，这与抽雄期上午、下午各出现一个波谷的情况类似，二者最小值分别为 5.1μmol/(m^2·s)、5.4μmol/(m^2·s)；拔节期于 12:00～14:00 出现明显的波谷，与灌浆期 11:00～14:00 出现波谷类似，二者分别为 5.2μmol/(m^2·s)、4.4μmol/(m^2·s)。

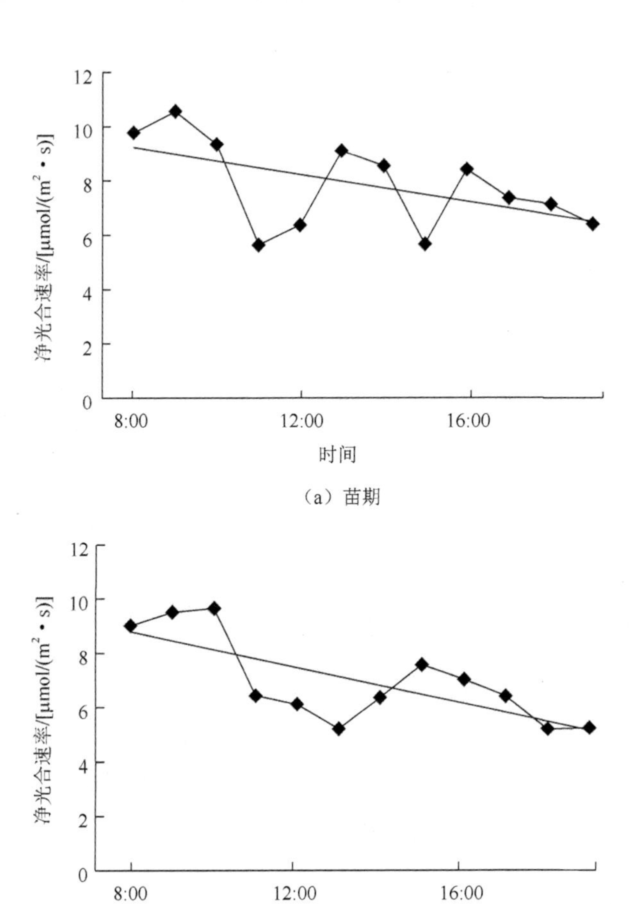

（a）苗期

（b）拔节期

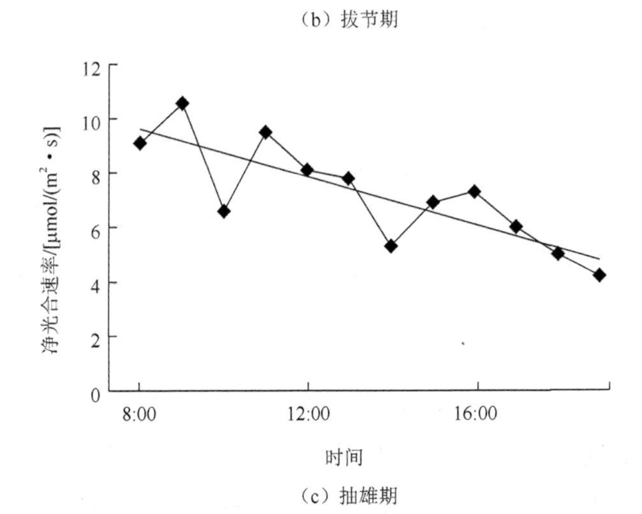

（c）抽雄期

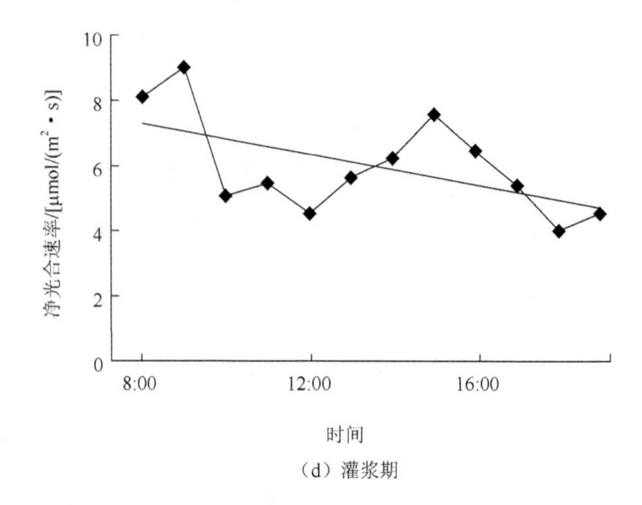

（d）灌浆期

图 2-6　燕麦不同生育期净光合速率日变化规律

2. 不同水分处理对净光合速率（P_n）的影响

当需要测量燕麦净光合速率时，需同时对该时刻土壤含水量进行观测。图 2-7 中所列水分条件指其占田间持水量的百分数（%），为体积含水量。植株自身根系的吸水能力会直接影响作物的蒸腾作用，进而对作物光合作用产生影响。本书列出燕麦处于拔节期且受到土壤水分胁迫时，植株自身净光合速率的变化。如图 2-7 所示，充分灌溉的水分条件达到田间持水量的 72%（Y1），受到水分胁迫的两个处理的体积含水率分别为田间持水量的 63%（Y2）与 47%（Y3）。

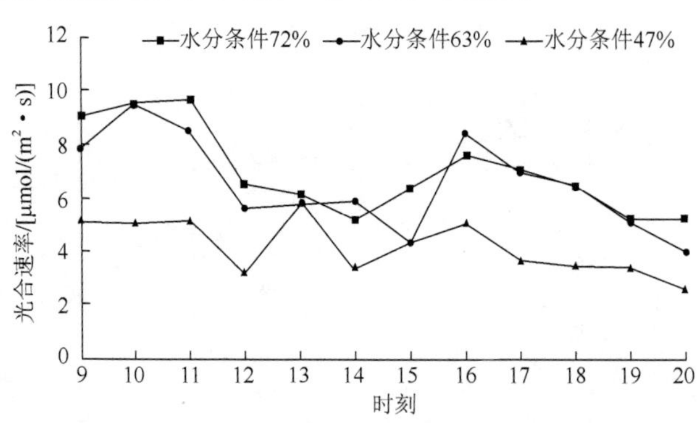

图 2-7　不同水分处理对燕麦净光合速率的影响

在植株受到的水分胁迫不严重（63%）时，该阶段净光合速率与充分灌溉处理相比较趋势较一致，且数值差距不大；在植株受到的水分胁迫较严重（47%）时，净光合速率的变化趋势明显发生变化，且其峰值明显低于充分灌溉处理［差值≥5μmol/(m^2·s)］。本书初步推求得知，高海拔地区燕麦处于拔节期时，土壤含水率处于田间持水量 63%的水平时，不会对该生育阶段的作物光合作用产生影响。

2.4　小　　结

（1）当雄地区燕麦在充分灌溉条件下，ψ_L日变幅高达 6MPa，该结果较低海拔地区高出 15%～20%。高海拔地区燕麦幼苗期ψ_L日变化情况与拔节期、抽雄期和灌浆期差异显著，幼苗期ψ_L的起伏波动多发生于黎明，且呈现“V”字形变化，最低值（−4.67MPa）出现在 5:00，说明该生育期内燕麦在黎明前水分生理活动频繁。此现象的发现可以用于灌溉指导，仅从燕麦水分生理的角度考虑，灌水应同样选在黎明时分，但此时温度较低，灌水来源多为高山冰雪融水，幼苗不适应此时的水温，易造成冻害，因此建议，苗期燕麦灌水选在日落前，这有益于作物生长，且可提高水资源利用效率。拔节期、抽雄期与灌浆期叶水势变化主要发生在白天，如此时作物需要灌溉，最好选择在 11:00 左右或 16:00 以后，此时作物水势差较大，有利于水分的吸收利用。拔节期与抽雄期叶水势变化趋势呈“W”形，而灌浆期ψ_L日变化趋势呈“V”字形，只在 16:00 左右出现波谷，这可能与测定当天的云层厚度、相对湿度等特定的气象因子有关，需进一步确定。在充分灌溉条件下，当雄地区典型气象因子对燕麦生理指标影响显著性的关系分别为ψ_L：T>RH>R_s；G_s：R_s>RH>T；E：RH>R_s>T；P_n：T>RH>R_s。

（2）当雄地区燕麦充分灌溉条件下P_n的日变化情况呈“单峰”形，不同生育期内的净光合速率变化趋势总体是上午净光合速率高于下午，峰值出现在上午，该结论与国内低海拔地区禾本科光合速率的变化趋势基本一致。与国内对很多禾本科植物E的日变化呈现“单峰”形不同，本书中E的日变化呈“多峰”形，除在午后出现峰值外，清晨亦多峰值，这与西藏地区空气干湿变化大，辐射较强等气象因素有密切关系。关于G_s日变化研究国内有很多报道，但没有一致规律可循，本书中G_s呈“双峰”变化趋势，当 RH 较低，R_s 较强时气孔闭合，G_s 会出现低谷；或当出现临时降水，同时 T 较高，也会导致 G_s 出现波谷。在国内低海拔地区，部分作物品种之间 G_s、E 呈正相关的变化趋势。但在本书中，对于生长于西藏高海拔地区的燕麦，二者无明显相关变化趋势，这与高海拔地区燕麦根系的大小、气孔的分布密度及其独特的气象条件有关。在日间水分运输通畅、太阳辐射较强且多风时，气孔开度较小，蒸腾速率不一定降低；同理，在当天多云、少风、空气湿度较大时，气孔开度较大，蒸腾速率不一定较大。

（3）拉萨地区燕麦拔节期受到轻度水分胁迫时（土壤含水率为最大田间持水量的 63%），E 在白天仍表现为“多峰”形的变化趋势，且在太阳辐射较强的中午，蒸腾速率仍处于较高值，波谷不是很明显，总体变化趋势与充分灌溉处理大致相当；此时 P_n 与充分灌溉处理变化趋势较一致，且数值差距不大。在植株受到的水分胁迫较严重（47%）时，E 呈现“双峰”形变化，且其峰值明显低于充分灌水处理［差值≥20mmol/(m^2·s)］；P_n 的变化趋势明显发生变化，且其峰值明显低于充分灌溉处理［差值≥5μmol/(m^2·s)］。试验条件下，燕麦处于拔节期时，土壤含水率不低于田间持水量 63%的水平时，不会对该阶段作物的 E、P_n 产生影响。

第 3 章　高海拔地区 ET_0 研究及其计算方法评价与应用

参考（标准）作物的腾发量（ET_0）是国际通用的评价水文水资源和计算作物需水量的理论基础，也是制定水法、国际河流水资源分配及水环境评估的依据，以此为基础通过作物系数进行需水量计算是水利工程规划、设计、水资源管理评估及前瞻性科研中最普遍、最基础的工作。

参考作物腾发量（ET_0）被定义为一种假想参考作物冠层的蒸发蒸腾量，假设参考作物高度为 12cm，固定叶面阻力为 70s/m，反射率为 0.23，非常类似于表面开阔、高度一致、生长旺盛，完全覆盖地面而不缺水的绿色草地的蒸发蒸腾量，是目前国际通用的计算作物需水量的基本依据。由于 FAO56 Penman-Monteith（FAO56 PM）公式较全面地考虑了影响蒸发面腾发的各种因素，并在气候条件差异较大的不同地区的应用中取得了较好的结果。近年国际上一直推荐采用其作为计算 ET_0 的标准方法。根据不同地区，不同作物特点对 FAO56 PM 公式的参数进行率定得到更精准的计算结果和采用先进方法对 ET_0 进行精准预测是当前农业水土学科的热点。西藏 ET_0 研究起步较晚，一些学者基于 FAO56 PM 法对全区 ET_0 时空分布进行了分析，对拉萨市适宜的 ET_0 计算方法进行了研究，专门针对海拔 4000m 以上高寒牧区的研究尚未见报道。因此，本书以典型高寒牧区县为研究对象，针对草地灌溉管理对 ET_0 计算的需求，提出适宜区域的简易 ET_0 计算方法和精准预测方法，为计算饲草作物需水量奠定基础。

3.1　ET_0 简化计算方法对比分析

3.1.1　数据来源与代表性分析

1. 研究区概况

FAO56 PM 法计算 ET_0 需要较详尽的气象资料，而西藏许多牧区气象资料往往十分有限，选定一种计算简单、相对准确的 ET_0 方法对西藏牧区具有一定的现实意义。因此，本书利用西藏高寒牧区 3 个纯牧业县（当雄县、改则县、那曲县）气象站逐日气象资料，以 FAO56 PM 法为标准方法，应用 Priestley-Taylor 法、FAO-17 Penman、Hargreaves-Samani 法和 Irmark-Allen 拟合法计算了 ET_0，评价不同方法的适用性，找出精度较高、所需气象数据较少，适宜西藏牧区使用的 ET_0 计算方法（表 3-1）。

表 3-1 典型牧区县气象站点基本情况

站名	经度	纬度	平均海拔/m
当雄县	东经 83°23′	北纬 29°46′	4250
那曲县	东经 92°07′	北纬 31°13′	4500
改则县	东经 83°23′	北纬 33°24′	4700

（1）那曲县。那曲县位于西藏自治区中偏北，平均海拔 4500m 以上。属高原亚寒带季风半湿润气候区，高寒缺氧，气候干燥，年平均气温为-2.2℃，5～9 月相对温暖，年降水量 400mm 以上，日照时数为 2886h 以上。全年无绝对无霜期，每年 10 月至次年 5 月为风雪期和土壤冻结期，6 月到 8 月为生长期。那曲县是纯牧业县，牧业是国民经济的基础，草原面积 1.25 万 km^2，牲畜主要有牦牛、绵羊、山羊和马。

（2）改则县。改则县地处西藏西北部、阿里地区的东部、藏北高原腹地。全县平均海拔 4700m，最低海拔 4356m。属高原亚寒干旱高原季风型气候。干旱，多大风，昼夜温差大，日照时间长。年平均气温-0.2℃，年均降水量 189.60mm，年平均日照为 3168h，年降雪日 60d 左右。改则县是阿里地区最大的纯牧业县，草原面积 1 亿亩，可利用草场面积 7000 万亩，草原畜牧业是其支柱产业。

（3）当雄县。当雄县属西藏拉萨市纯牧业县，位于西藏自治区中部，藏南与藏北的交界地带，拉萨市北部，距拉萨市 170km。北部与班戈县、那曲县接壤，南部与林周县、堆龙德庆区交界，东部一隅与嘉黎县相连，西南与尼木县毗邻，青藏公路（国道 109 线）由东向西横贯全境。东北至西南硕长，长约 185km，西北至东南狭窄，宽约 65km，其中最窄处约 34km。当雄县气候的主要特点为:冬季寒冷、干燥，昼夜温差大；夏季温暖湿润，雨热同期，干湿季分明，天气变化大。年平均气温 1.3℃，年均降水量 456.8mm，年均蒸发量 1725.7mm，年均日照时数 2880.9h，积温 1800℃，无霜期仅 62d，牧草生长期仅 90～120d。地表温度平均为 5.9℃，从 11 月至翌年 3 月有四到五个月的土地冻结。

2. 数据来源与处理

（1）数据来源。本书中所涉及的气象资料来自国家气象资料中心，包括当雄县、那曲县、改则县气象站 1983～2012 年逐日气象资料。这些站点分布在拉萨市、那曲地区、阿里地区的纯牧业县内，海拔在 4200～4700m，平均降水量在 190～480mm，基本代表了西藏不同高寒牧区的地理与气候特点。

（2）数据处理。降水是农业用水的重要来源，依据水资源评价导则，本书把保证率为 25%的降水年份作为湿润水文年，50%保证率的降水年份作为中等水文年，75%保证率的降水年份作为干旱年，同时把接近 95%保证率的年份作为特别干旱年。研究表明，降水是影响 ET_0 的重要指标，为确定不同计算方法在不同水文年的适用性，本书按不同降水频率对 ET_0 分别计算。本书依据 1999 年施行的水资源评价导则，以当雄县为例进行计算说明。

① 分组数。采用资料为 1983～2012 年气象数据，即样本数 n=30。则计算组数为 N=5lg30=5×1.477=7.386，取 N=8（组）。

② 组距。根据统计，选最大值 706.3mm（1998 年），取 A_{max}=720mm；最小值 327.7mm（1999 年），取 B_{min}=320mm。则组距为

$$D = \frac{A_{max} - B_{min}}{N} = 50\text{mm} \tag{3-1}$$

组界定为：720～671mm，670～621mm，620～571mm，570～521mm，520～471mm，470～451mm，420～371mm，370～321mm。

③ 频率的求算。在统计气象资料时，经常需要对各气候要素在不同量度范围内出现的频率进行计算。频率是指某一现象在若干次观测或试验中实际出现的次数，也被称作频数（m），占观测或试验总次数（n）的百分比，即

$$f = \frac{m}{n} \times 100\% \tag{3-2}$$

频率是一个相对数，没有单位，取整数，小数四舍五入。由于频率是个经验值，需要年限较长（一般要求 20～30 年以上）的资料，这样统计出来的频率才有代表性。

④ 保证率的求算。保证率的计算就是累积频率的统计，但气象要素保证的计算有方向性，即根据研究问题的性质和气候要素的变化特点，确定是求高于或低于某一界限的保证率。依降水保证率的不同，将各个地区不同年份间划分为干旱水文年、正常水文年和湿润水文年。分别计算在 30a 内，三种不同水文年的情况下参考作物蒸发腾发量的逐月均值变化情况，1983～2012 年当雄县、那曲县、改则县逐年降水量和降水保证率计算结果见表 3-2、表 3-3。

表 3-2　1983～2012 年逐年降水量　　（单位：mm）

地区	1983 年	1984 年	1985 年	1986 年	1987 年	1988 年	1989 年	1990 年	1991 年	1992 年
当雄县	386.4	428.1	471	348.7	394.1	562.8	484.5	484.5	407.4	388.3
那曲县	424.1	430.8	477	307.5	498.1	502	473.2	512.9	443.2	309.9
改则县	218.2	116.4	186.5	182.3	73.8	163.4	98.3	120	182.1	189.3
地区	1993 年	1994 年	1995 年	1996 年	1997 年	1998 年	1999 年	2000 年	2001 年	2002 年
当雄县	514.2	376.3	440.4	455.7	470.7	619.8	617.5	498.2	655	590.2
那曲县	464.9	323	468.8	368.8	505.2	505.1	449.8	560.9	513.4	495
改则县	113.8	152.8	142.2	201.5	202.1	133.3	128.6	189	187.5	262
地区	2003 年	2004 年	2005 年	2006 年	2007 年	2008 年	2009 年	2010 年	2011 年	2012 年
当雄县	583.3	593.6	503.9	333.5	456.7	706.3	327.7	430	458.9	376.8
那曲县	515.5	525.1	454	370.9	407.6	620.5	318.6	436.5	567.6	372.7
改则县	223.4	185.6	182.5	203.3	193.4	252.7	119.1	259.4	207.5	187.4

表 3-3　不同地区的降水保证率区间划分上下限

地区	组序	降水量上限/mm	降水量下限/mm	频数	频率/%	保证率/%
改则县	1	270	246	3	10.0	10.0
	2	245	221	1	3.3	13.3
	3	220	196	5	16.7	30.0
	4	195	171	10	33.3	63.3
	5	170	146	2	6.7	70.0
	6	145	121	3	10.0	80.0
	7	120	96	4	13.3	93.3
	8	95	71	2	6.7	100.0

续表

地区	组序	降水量上限/mm	降水量下限/mm	频数	频率/%	保证率/%
那曲县	1	660	616	1	3.3	3.3
	2	615	569	0	0.0	3.3
	3	570	526	2	6.7	10.0
	4	525	479	9	30.0	40.0
	5	480	436	7	23.3	63.3
	6	435	391	4	13.3	76.7
	7	390	346	3	10.0	86.7
	8	345	301	4	13.3	100.0
当雄县	1	720	671	1	3.3	3.3
	2	670	621	1	3.3	6.7
	3	620	571	5	16.7	23.3
	4	570	521	1	3.3	26.7
	5	520	471	7	23.4	50.0
	6	470	421	6	20.0	70.0
	7	420	371	6	20.0	90.0
	8	370	321	3	10.0	100.0

3.1.2　ET_0 的计算方法

1．FAO56 Penman-Monteith 公式（FAO56 PM 法）

根据联合国粮农组织 1991 年重新定义的 ET_0 概念，FAO 提供了新的 ET_0 计算式，即 FAO56 Penman-Monteith 公式（FAO56 PM 法）。该方法克服了 FAO 先前提供的 Penman 方法的不足，如对风函数进行了区域矫正，考虑了土壤热通量等。具体公式为

$$ET_0=\frac{0.408\left(R_n-G\right)+\gamma\dfrac{900}{T+273}\mu_2\left(e_s-e_a\right)}{\varDelta+\gamma\left(1+0.34\mu_2\right)} \tag{3-3}$$

式中，ET_0——参考作物腾发量，mm/d；

R_n——冠层表面净辐射，$MJ/(m^2 \cdot d)$；

G——土壤热通量，$MJ/(m^2 \cdot d)$；

T——平均气温，℃；

μ_2——高度 2.0m 处风速，m/s；

e_s——饱和水汽压，kPa；

e_a——实际水汽压，kPa；

$\varDelta$——饱和水汽压温度曲线的斜率，kPa/℃；

γ——湿度计常数，kPa/℃。

2．FAO17 Penman 法

FAO17 Penman（FAO17 PM）法是 20 世纪末国内外应用最普遍的综合法，它是在能量平衡法基础上引用干燥力的概念，经过推导，得到的一个用普通气象资料就可计算参考作物潜在腾发量的公式。尽管在计算中都试图将一些参数修正，但结果仍表现出明显的不确定性，计算结果较实际试验数据偏大。该方法需要气温、相对湿度、日照时数、风速资料。

$$\mathrm{ET_{0P}}=\frac{\frac{p_0}{p}\left(a_1+b_1u_2\right)\left(e_\mathrm{s}-e_\mathrm{a}\right)+\frac{\Delta}{\gamma}R_\mathrm{n}}{\frac{p_0}{p}\frac{\Delta}{\gamma}+1.0} \tag{3-4}$$

式中，$\mathrm{ET_{0P}}$——FAO17 Penman 法得到的 $\mathrm{ET_0}$，mm/d；

p_0——海平面气压，hPa；

p——本站气压，MPa；

a_1=0.26；

b_1=0.14。

3．Priestley-Taylor 法

Priestley-Taylor（PT）法是 Priestley-Taylor（1972）以平衡蒸发为基础，假设周围环境湿润的前提下，忽略空气动力学项而得出的简化方程，通过引进常数 α，导出了估算无平流条件下蒸发的模式，即 Priestley-Taylor 模式。利用海面和湿润陆面的资料得出 α=1.25。由于该方法需要输入的参数较少，而在部分缺少气象资料的地区被用来估算 $\mathrm{ET_0}$，该方法需要气温、日照时数、地理位置等资料。

$$\mathrm{ET_{0PT}}=\alpha\frac{\Delta}{\Delta+\gamma}\left(R_\mathrm{n}-G\right) \tag{3-5}$$

式中，$\mathrm{ET_{0PT}}$——应用 Priestley-Taylor 法所得的 $\mathrm{ET_0}$，mm/d；

A——经验系数，一般取 1.26，其他参数参考式（3-3）。

4．Irmark-Allen 拟合法

Irmark-Allen（IA）拟合法是根据美国湿润地区资料，得到的经验公式，该方法需要气温、日照时数、地理位置资料。

$$\mathrm{ET_{0IA}}=0.489+0.289R_\mathrm{n}+0.023T \tag{3-6}$$

式中，$\mathrm{ET_{0IA}}$——应用 IA 拟合法所得的 $\mathrm{ET_0}$，mm/d，其他参数参考式（3-3）。

5．Hargreaves-Samani 法

Hargreaves-Samani（HS）法是 Hargreaves 等（2003）根据美国西部较干旱气候的加利福尼亚州 8 年的牛毛草蒸渗仪数据推导出的基于温差来反映辐射项的参考作物腾发量计算公式。该方法在缺少辐射资料的地区得到广泛的应用，并被证明是一种有效的估算方法，该方法只需要气温和地理位置数据。国内外众多研究成果表明，HS 法作为气象资料缺失情况下估算 ET_0 的方法，可以给出全球较为有效合理的 ET_0，其仍保留着经验系数，如下式中的温度系数（0.0023）、温度常数（17.8）与温度指数（0.5）。

$$ET_{0HS} = 0.0023\left(T_{mean} + 17.8\right)\left(T_{max} - T_{min}\right)^{0.5} R_a \tag{3-7}$$

式中，ET_{0HS}——应用 HS 法所得的 ET_0，mm/d；

R_a——大气顶层辐射，mm/d。

3.1.3 不同方法 ET_0 计算结果及相关性分析

1．不同方法 ET_0 计算结果

由于 3.1.2 小节所述五种方法所需的气象数据及其基本假定均不相同，其计算所得结果必然存在一定差异。现以联合国粮农组织推荐的 FAO56 Penman- Monteith 法为标准，通过均方根误差（root-mean-square error，RMSE）与线性回归方法分析其余 4 种方法与其之间的偏差，并评价各方法的适用性。

用该五种方法分别计算当雄、那曲、改则气象站点 30 年（1983～2012 年）逐日参考作物蒸发腾发量，进一步统计得到五种方法计算的参考作物蒸发腾发量的逐月均值变化情况。结果表明，各种方法计算的参考作物腾发量的变化趋势基本相同，但是在数值上存在较明显的差异。本章列出 3 个典型站点干旱水文年、正常水文年、湿润水文年的对比结果(图 3-1～图 3-3)。FAO17 PM 法计算误差较大，在 3～9 月计算结果明显偏大；由于 Priestley-Taylor 法与 IA 拟合法属于计算参考作物腾发量中的辐射法，主要采用辐射数据与温度两项指标，但 PT 法计算结果更优，IA 拟合法计算的 ET_0 月平均值略高于 FAO56 PM 法；Hargreaves-Samani 法属于温度算法，只需要最高气温 T_{max}(℃)、最低气温 T_{min}(℃)和天顶辐射 R_a［可由地理位置数据测算，$MJ/(m^2 \cdot d)$］，以及可由温度估算的 3 个输入参数，而西藏高寒牧区日温差相比较一般海拔地区要大，且没有考虑湿度和阴云对参考作物腾发量的影响，导致该地区计算出的 ET_0 偏低。

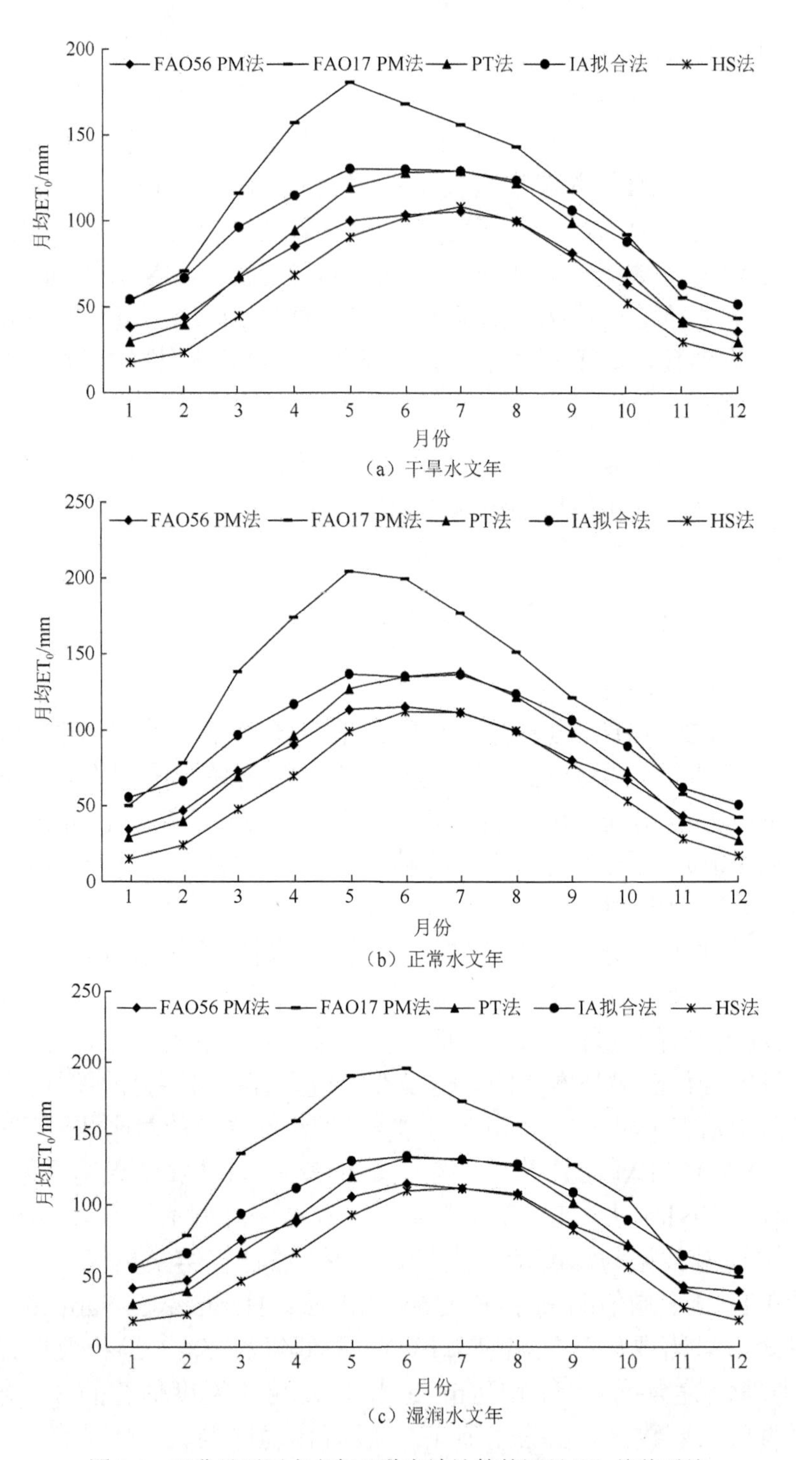

图 3-1　那曲县不同水文年 5 种方法计算的逐月 ET_0 均值对比

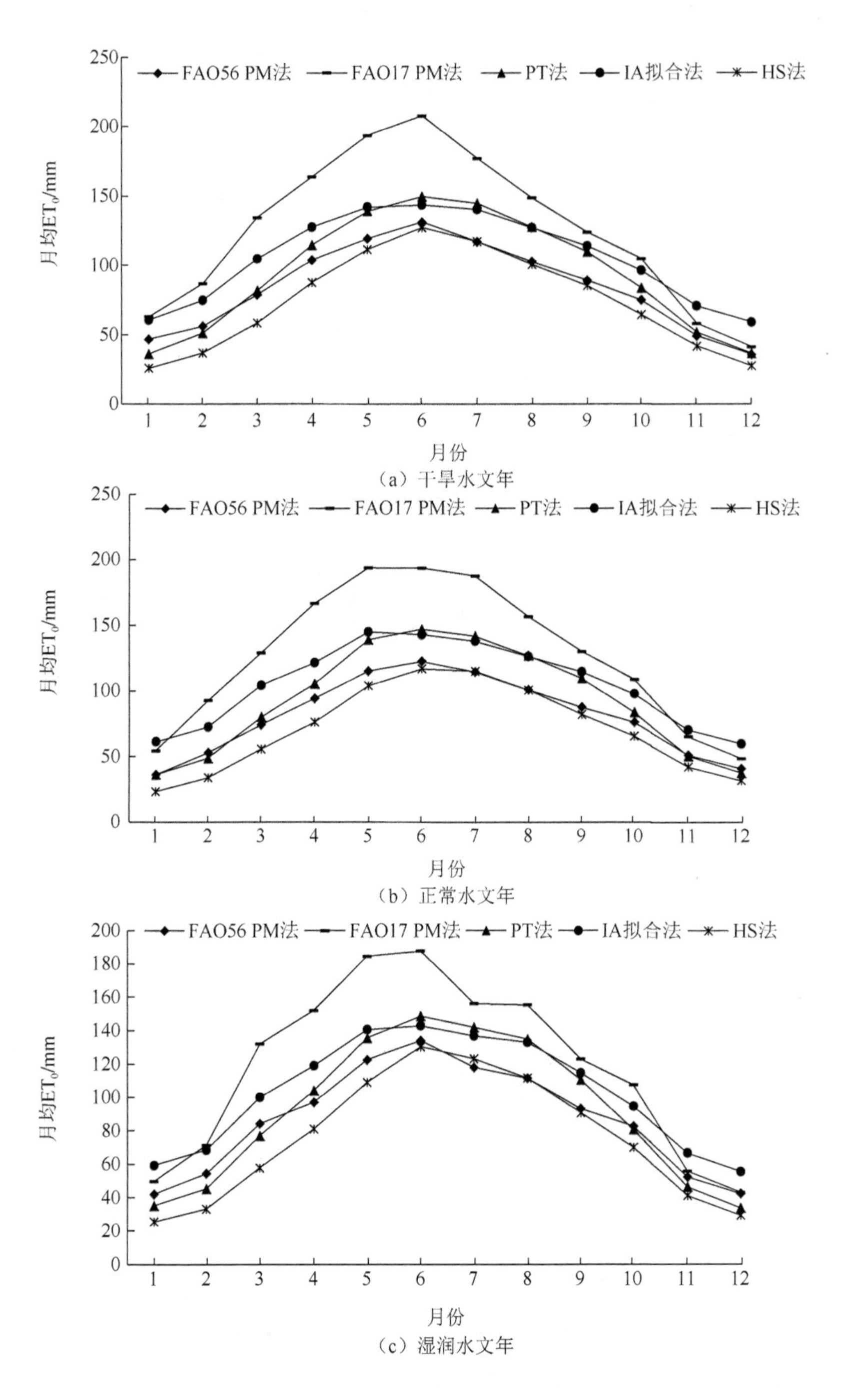

图 3-2　当雄县不同水文年 5 种方法计算的逐月 ET_0 均值对比

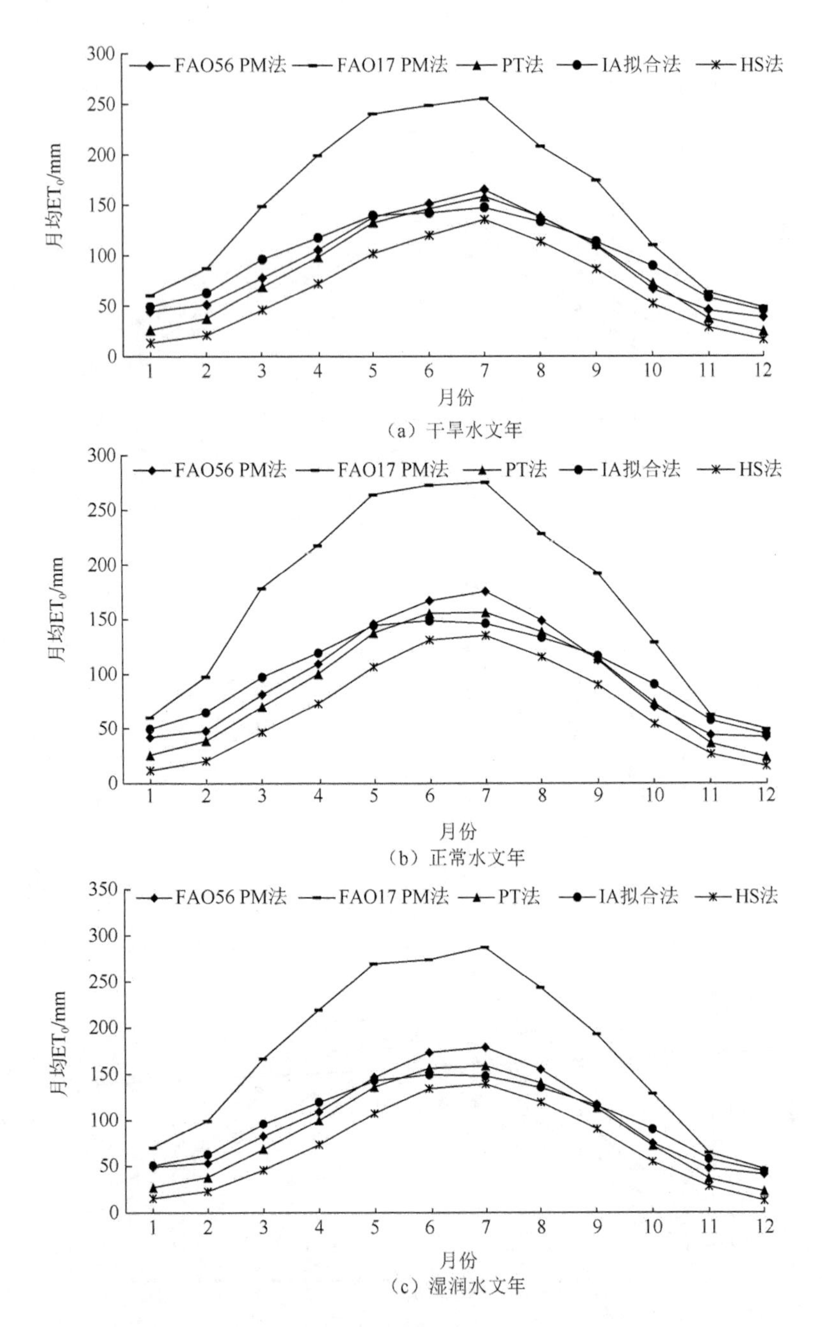

图 3-3　改则县不同水文年 5 种方法计算的逐月 ET_0 均值对比

2. 不同方法计算结果相关性分析

验证各模型的适用性需用到平均相对误差（mean relative error,

MRE)、均方根误差(root-mean-square error，RMSE)和纳什效率系数(Nash-Sutcliffe efficiency coefficient，NSE)，计算过程如下：

$$\mathrm{MRE}=\frac{1}{N}\sum_{i=1}^{N}\frac{\left(P_i-O_i\right)}{O_i}100\% \tag{3-8}$$

$$\mathrm{RMSE}=\sqrt{\frac{1}{N}\sum_{i=1}^{N}\left(P_i-O_i\right)^2} \tag{3-9}$$

$$\mathrm{NSE}=1-\frac{\sum_{i=1}^{N}\left(P_i-O_i\right)^2}{\sum_{i=1}^{N}\left(O_i-\bar{O}\right)^2} \tag{3-10}$$

式中，N——误差对比点总数；

P_i 和 O_i——预测值和实测值(i=1，2，…，N)。

MRE 用来表征预测的精度性及误差范围，是一个百分数。RMSE 用来衡量观测值同真值之间的偏差，可以用来衡量一个数据集的离散程度，二者越接近于 0，模型的预测质量越高。NES 取值为负无穷至 1，结果越接近 1，表示模拟质量好，模型可信度高；结果接近 0，表示模拟结果接近观测值的平均值水平，即总体结果可信，但过程模拟误差大；结果远远小于 0，则模型是不可信的。

以 FAO56 PM 方法计算结果为标准值，分析其与其他四种方法的相关性，结果见表 3-4。

表 3-4　FAO56 PM 法与其他 4 种方法之间的线性回归分析

参数	不同计算方法			
	FAO17 PM 法	PT 法	IA 拟合法	HS 法
RMSE	59.37	13.77	19.61	21.11
NSE	−1.5	0.87	0.73	0.68
MRE	55.27	−1.18	23.27	−25.45
ET_{EST}/ET_{0PM}	1.55	0.98	1.23	0.75

注：ET_{EST} 为不同方法对应 ET_0 的计算结果；ET_{0PM} 为 FAO56 PM 法计算结果。

从表 3-4 可以看出：

(1) 用 FAO17 PM 法计算参考作物腾发量，所得的结果明显偏大，在四种方法分析中，FAO17 PM 法 NSE 分析结果是唯一小于 0 的(−1.5<0)，表明该种方法可信度有待提高。

（2）PT 法作为一种辐射法，其应用日照时数计算了太阳辐射，在四种简化计算算法中最接近 FAO56 PM 法计算结果，MRE 分析为-1.18，ET_{EST}/ET_{0PM} 比值为 0.98，表明其计算结果略小于 PM 标准算法，其 RMSE 分析、NSE 分析在四种简便算法中皆为最优。

（3）IA 拟合法计算时也引入日照时数计算了太阳辐射，但其计算结果总体偏大，模型精度相比 PT 法略差，NSE 分析为 0.73，接近于 1，表示模型模拟结果较好。

（4）HS 法 MRE 分析为-25.45，ET_{EST}/ET_{0PM} 比值为 0.75，表明总体计算结果略小于 FAO56 PM 法，NSE 分析为 0.68，接近于 1，表示模型质量较为可信。虽然 HS 法相比 PT 法误差略大，但考虑 HS 法仅采用温度数据计算，无须引入其他计算参数，因此综合评定，HS 法较为优越，可以将其作为高海拔地区 ET_0 简化的计算方法。

3.2 基于改进 Hargreaves 模型的高海拔地区的 ET_0 计算

结合 3.1 节的研究结果，本节对 HS 模型进行修正改进，进而得到适宜高海拔地区气象资料缺失条件下的 ET_0 计算公式。现有研究中对 HS 模型的改进存在误区和不足，已有成果多为提高 HS 模型计算精度而引入大气平均相对湿度、日照时数等连续系列气象参数作为模型新增输入项，ET_0 计算精度提高的同时，导致模型计算对基础气象数据需求度更高以及计算过程的复杂化，忽略了温度法简便、参数少的本质。

海拔因子是在 ET_0 计算中最容易获得的参数，其不需要连续观测，计算时没必要针对不同时间尺度进行基础数据整理。同时海拔因子也是最容易被忽略的参数，在 PM 推荐的标准计算公式中，海拔因子与 γ（湿度计常数）、R_a（天顶辐射，地球大气层顶部水平面吸收的太阳辐射）、R_n（太阳净辐射，地球表面吸收的能量）的计算有直接函数关系。目前已有的简化模型研究中多针对温度、大气相对湿度、风速、日照时数、降水等气象因子与 ET_0 的相关关系开展，往往忽略了 ET_0 计算的空间变异性，直接导致简化模型在不同地区间应用推广的难度加大，往往区域不同经验模型里的很多参数就要重新校正。例如，Allen 等（1998）指出，HS 模型中的温度系数取值在海拔超过 1500m 的地区并不完全合理；Annandale 等（2002）认为，HS 模型中的温度系数、温度指数均应考虑不同地区的大气压而进行修正，然而大气压强的改变与海拔成明显负相关关系。因此本书考虑海拔因素，对 HS 模型进行修正提高了原模型对不同区域空间变化的响应能力。

温度计算法 HS 模型巧妙地利用大气温度差（T_{max}-T_{min}）来作为表达天顶辐射有多少能达到地球表面的一个指标，然而地理位置的特殊性导致高海拔地区强辐射的同时温度并不是很高，准确地说，高海拔地区大气稀薄，对地面长波辐射的吸收较少，导致热量大量散失，大气温度较低；同时海拔高的地方云层较少，白天云层吸收地面长波辐射较少，夜间云层对地面的逆辐射作用被削弱导致保温作用较差，这些原因均削弱了温度差（T_{max}-T_{min}）对辐射的敏感性。因此，引入海拔因子对 HS 模型进行改进，可显著提高模型计算精度，以期得到在高海拔地区更为普适的 ET_0 简化计算模型。

计算作物腾发量的第一步就是计算参考作物腾发量（ET_0），因此不精确的参考作物腾发量的计算会导致低效的水分利用、不合理的模型率定和不可行的地下水补给估算。虽然已经有很多估算 ET_0 的方法，但是各种方法的实施一般都局限于特殊的地理与气象条件。很多不同气候区的结果都证实了 FAO56 PM 模型的可行性，因此联合国粮农组织将 FAO56 PM 法作为一种在全球适用的计算 ET_0 的标准方法。广泛应用 FAO56 PM 模型的主要障碍是复杂的计算过程和大量的气象数据，包括太阳辐射、风速、湿度、温度等，尤其是在发展落后地区，很多情况下都无法得到连续系列的数据。对于高海拔、陡峭山区等环境比较恶劣的地区，全套气象站的安装和维护不仅昂贵而且很复杂。因此，探索适合高海拔地区的高精度简便 ET_0 计算方法有很强的实际应用性。数据缺失情况下计算 ET_0 的经验公式基本分为基于温度的、基于蒸发的、基于物质转换的和混合型的，其中基于温度的简化模型具有较为突出的简便与数据易获得性，因而被广泛采用。

Hargreaves 等于 1985 年采用最大温度、最小温度和大气顶层辐射数据计算得到太阳辐射，然后提出了基于温度的“Hargreaves（HS）模型”。Almorox 等在 2015 年采用 4362 个气象站的数据，用 11 种基于温度的 ET_0 计算公式对 ET_0 进行了估算，发现在干旱半干旱地区，HS 法是最精准的简便方法。Er-Raki 等在 2010 年的研究也表明，HS 法在美洲半干旱地区是基于温度的简化模型中是最精确的方法。国内一些学者对国际范围内常用的 ET_0 经验公式在我国的适用性进行了分析，胡庆芳等（2011）基于全国 105 个气象站，在月时间尺度上评价了 HS 模型在我国不同气候区的适用性；除此之外，王声锋等（2008）、王新华等（2006）分别在我国内陆半干旱地区、西北干旱地区验证了 HS 模型的适用性。由于 HS 法的简便性，对于 ET_0 的估算，HS 法很受欢迎。然而，Jensen 等（1990）的研究发现，在干旱地区 HS 法会低估 ET_0，在湿润地区 HS 法会高估 ET_0。Martinez 等在 2009 年用佛罗里达 72 个站点的数据计算发现，HS 法过高估算了 ET_0。Yoder 等于 2005 年对美国东南湿润地区（Cumberland 高原）的日 ET_0 和周 ET_0 进行了估算，发现相对于 PM 法，HS 法偏大，更适合长时间的估算。总体来说，国内外对 HS 法等经验模型的适用性评价较多但修正研究相对较少，修正模型在国内外的推广和应用更加欠缺。很多经验公式都只适用于特定的气候和区域。本书旨在基于温度法的基础上，找到一种适合于西藏高海拔（海拔 2000m 以上地区）、极端环境地区气象缺失条件下的 ET_0 简便精准的计算方法。

HS 方程是 Hargreaves 等（2003）基于 8 年内实测蒸渗仪数据推导出的仅利用温度数据来计算参考作物腾发量（ET_0）的方法，HS 方程作为一种“温度法”，巧妙地利用大气温度差（$T_{max}-T_{min}$，表明天顶辐射有多少能达到地球表面的一个指标）计算太阳辐射。国内外众多研究成果表明，HS 方程作为气象资料缺失情况下估算 ET_0 的方法，可以给出全球较为有效合理的 ET_0，其仍保留着经验系数，如式中的温度系数（0.0023）、温度常数（−17.8）与温度指数（0.5），HS 模型具体参考式（3-7）。

3.2.1　标准 PM 方程输入因子比较

PM 标准方程计算过程中输入的连续数据系列包括某地区日最高气温、日最低气温、平均气温、平均风速、平均相对湿度、日照时数等 7 个主要气象影响因子；以及非连续数据系列，包括经度、纬度与海拔在内的 3 个地理位置信息。计算过程中需要参数较多，且需要气象数据连续，计算公式也较为复杂。

主成分分析是在损失较少有效信息的基础上将多指标转化为少数几个综合指标的多元统计分析方法，通常把转化生成的综合指标称为主成分，其中主成分都是原始变量的线性组合，且各个主成分之间互不相关。本书基于西藏高海拔地区 9 个气象站点的地理位置信息以及 20 年逐日气象资料，利用 SPSS 软件进行主成分分析及统计，通过该软件系统自动将原始数据标准化处理，消除各指标量纲与数量级的影响。结果表明：

（1）相关系数矩阵。从表 3-5 可以得知，平均气温、日最高气温、日最低气温三者之间相关系数极高，在 0.9 以上，达到极显著水平，在其他指标中海拔因子与这三种温度数据相关系数最高。

表 3-5　多指标相关系数矩阵

输入因子	日照时数	日最高气温	日最低气温	平均相对湿度	平均风速	平均气温	海拔	经度	纬度
日照时数	1.000	0.200	−0.243	−0.480	0.063	−0.103	0.376	−0.410	0.117
日最高气温	0.200	1.000	0.907	0.323	0.016	0.970	−0.500	0.262	−0.449
日最低气温	−0.243	0.907	1.000	0.534	0.012	0.974	−0.520	0.357	−0.397
平均相对湿度	−0.480	0.323	0.534	1.000	−0.145	0.412	−0.285	0.499	−0.016
平均风速	0.063	0.016	0.012	−0.145	1.000	0.022	0.101	−0.093	0.133
平均气温	−0.103	0.970	0.974	0.412	0.022	1.000	−0.504	0.284	−0.422
海拔	0.376	−0.500	−0.520	−0.285	0.101	−0.504	1.000	−0.704	0.654
经度	−0.410	0.262	0.357	0.499	−0.093	0.284	−0.704	1.000	−0.282
纬度	0.117	−0.449	−0.397	−0.016	0.133	−0.422	0.654	−0.282	1.000

（2）总方差解释。基于特征值不小于 1 的原则，由表 3-6 可知，第一、第二、第三主成分的累计方差贡献率可达 77.29%，可知前 3 个主成分包含了原始变量的大部分信息，可以相信其 9 个原始指标的影响关系。

表 3-6　总方差解释表

主成分	特征值	方差贡献率/%	累计方差贡献率/%
第一主成分	4.174	46.375	46.375
第二主成分	1.612	17.906	64.281
第三主成分	1.171	13.009	77.29
第四主成分	0.957	10.633	87.923
第五主成分	0.576	6.398	94.321
第六主成分	0.318	3.529	97.85
第七主成分	0.142	1.582	99.432
第八主成分	0.046	0.515	99.947
第九主成分	0.005	0.053	100

（3）成分矩阵。由主成分载荷矩阵表 3-7 可知 3 个主成分与原始指标间的相关程度。经观察，第一主成分与日最低气温、日平均气温、日最高温度、海拔 4 个初始变量在同组之间具有显著的相关性。第二、第

三主成分仅分别与日照时数、纬度具有较好的相关性。结合表 3-6 数据还可发现，第一主成分的方差贡献率达到 46.375%，即该成分包含了接近一半的信息。

表 3-7　主成分载荷矩阵

原始指标	第一主成分	第二主成分	第三主成分
日最低气温	0.913	0.268	0.240
日平均气温	0.885	0.412	0.162
日最高温度	0.846	0.488	0.070
海拔	−0.783	0.249	0.416
经度	0.622	−0.547	−0.091
纬度	−0.589	−0.085	0.677
平均相对湿度	0.587	−0.417	0.533
日照时数	−0.378	0.703	−0.204
平均风速	−0.088	0.309	0.340

综上所述，日最低气温、日平均气温、日最高气温和海拔 4 个指标包含了原始变量多数信息且 4 个因子之间具有较好的相关性，隶属于同一组，即第一主成分，是较为重要的输入指标。同时考虑到海拔因素对综合指标参考作物腾发量的重要影响，且海拔因子不需要连续的日观测，很容易获取，本书在 HS 法中引入海拔因子，建立适用于高海拔地区 ET_0 计算的 HS-E 的改进方法。

在图 3-4 中，横坐标表示海拔，纵坐标表示年累计 ET_0，海拔跨度为 2000～5000m。

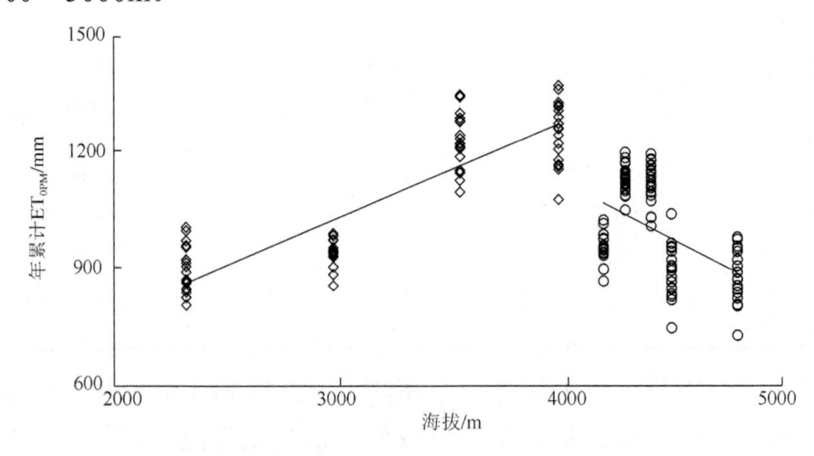

图 3-4　高海拔地区年累计 ET_0 与海拔因子响应关系

（1）4000m 以下的地区，随着年平均日气温的逐渐降低，年累计 ET_0 逐渐升高；4000m 以上地区，随着年平均日气温的逐渐降低，年累计 ET_0 呈现逐渐降低的趋势。年累计 ET_0 最大值（平均约 1280mm/a）会出现在泽当或拉孜地区（海拔 4000m 左右），最小值（平均约 950mm/a）会出现在察隅（本书所选典型站点中海拔最低点，2000m 左右）与安多地区（本书所选典型站点中海拔最高点，5000m 左右）。

（2）当雄地区（海拔 4200m）ET_0 及年平均日气温均出现反常，其年累计 ET_0 相比定日（海拔 4300m）、拉孜（海拔 4000m）较低，但受地形地貌影响，导致其多年内日平均气温（1.81℃）低于定日（3.12℃）、拉孜（6.54℃），这直接导致当雄地区年累计蒸散发量较小。

综合高海拔地区 ET_0 计算及主成分分析结果可知，ET_0 受温度与海拔因素影响明显，针对高海拔地区 ET_0 计算，采用温度简化算法的同时引入海拔因素，完全可取且方向正确。

3.2.2　Hargreaves-Elevation 模型的建立

1. 研究区概况与数据资料

西藏位于我国西南部，素有“世界屋脊”之称，平均海拔 4000m，面积为 123 万 km^2，低氧低压（不足海平面的 2/3）、日照长（多在 3000h 以上）、辐射强（年太阳辐射 6000～8000MJ/m^2）是其主要气候特点。西藏高海拔地区近地层冷热交换频繁，导致该地区空气温度、湿度变化大，干湿季分明。本书根据西藏地理地貌与气候特点，充分考虑西藏全区海拔变化（整体趋势西高东低；本书不考虑西藏西北及东南海拔 6000m 以上的喜马拉雅高山区），针对西藏主要农牧业生产区（海拔 5000m 以内），在西藏全区选取 9 个代表性站点开展研究，9 个典型站点海拔跨度 2000～5000m，其地理位置信息见表 3-8。气象资料均来自国家气象信息中心，数据经过严格控制，质量较好。本书以 1981～1990 年逐日气象资料（n=32868）进行先验研究，以 1991～2000 年逐日（n=32877）、逐月（n=1080）气象资料进行模型检验。

表 3-8　西藏全区 9 个典型站点地理位置信息

站点	海拔/m	北纬/(°)	东经/(°)
察隅	2327.6	28.39	97.28
林芝	2991.8	29.41	94.20
泽当	3560	29.16	91.46
拉孜	4000	29.05	87.35
当雄	4200	30.29	91.06
定日	4300	28.38	87.05
改则	4414.9	32.09	84.25
那曲	4507	31.29	92.04
安多	4800	32.04	91.87

2．数学模型的建立

通过 3.2.1 小节的主成分分析可知，海拔因子是一个重要的输入指标，其获取相对容易且不需要连续观测，鉴于此，在 HS 公式中引入海拔因子，改进后的数学模型为

$$ET_{0HSE} = f(H)(T_{mean} - a)(T_{max} - T_{min})^{0.5} R_a \tag{3-11}$$

式中，$f(H)$——待求的海拔函数；

a——温度常量，修正模型中为避免 ET_{0HSE} 计算出现负数，a 取近 50 年来，海拔 2000m 以上地区的 T_{mean} 最小值。

本书在充分考虑 HS 模型的构成及其参数来源的基础上对其进一步改进，其他符号同前。

3．温度常数确定与海拔函数推求

（1）温度常数确定。FAO 推荐，当 R_a 单位为 mm/d 时，温度常量 a=−17.8，然而在高海拔地区，尤其是海拔 3500m 以上地区，1 月、12 月两个较为寒冷的月份日 T_{mean} 经常出现低于−17.8℃的情况，直接导致由 HS 模型计算的 ET_0 出现负值，该结果违背客观自然规律，不具有参考性。

本书梳理 1960～2015 年 9 个代表性站点（参考表 3-8，海拔跨度 2000～5000m）最低日 T_{mean} 数据，发现 1987 年 12 月西藏高海拔地区接连出现极端低温气候，其中海拔 4414.9m 的改则地区于 1987 年 12 月 26 日出现 50 余年内极端最低日 T_{mean}=−36.6℃。

综上所述，为避免新模型 ET_0 计算出现负值错误，本书将温度常量 a 设为−36.6。

（2）海拔函数推求。假设

$$ET_{0X}=\frac{ET_{0HSE}}{f(H)}=(T_{mean}-a)(T_{max}-T_{min})^{0.5}R_a \tag{3-12}$$

以 9 个典型站点参考作物腾发量计算的月累计值（ET_{0PM}/ET_{0X}）为因变量 y，以海拔因子 H 为自变量 X，将 ET_{0PM}、ET_{0X} 的月累计值与实际海拔因子 H 代入计算公式，通过回归分析（图 3-5）得到回归趋势方程如下：

$$f(H)=10^{-5}\left(-8\times10^{-6}H^2+0.07H+5\right) \tag{3-13}$$

$R^2=0.26^{***}$，***代表在 0.1%水平上显著；标准误差=1.58×10^{-4}。

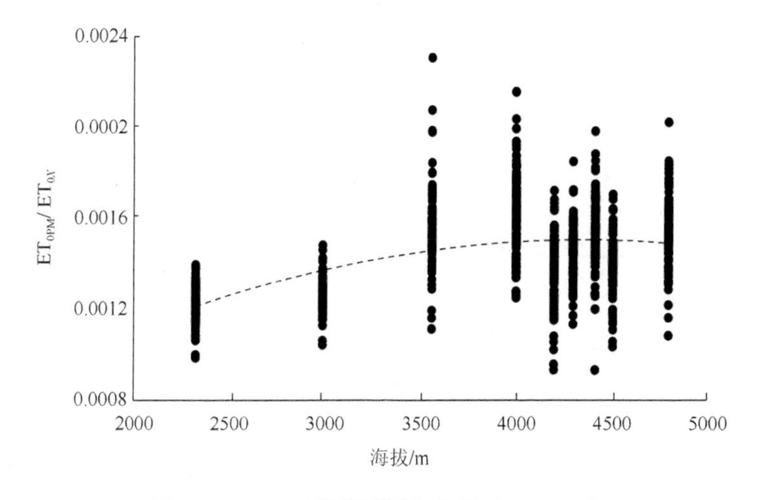

图 3-5　HS-E 改进模型回归分析（n=120×9）

综上所述，通过回归分析建立的 HS-E 改进模型计算公式为

$$ET_{0HSE}=10^{-5}\left(-8\times10^{-6}H^2+0.07H+5\right)(T_{mean}+36.6)(T_{max}-T_{min})^{0.5}R_a \tag{3-14}$$

3.2.3　Hargreaves-Elevation 改进模型评价

1．逐日 ET_0 对比分析

通过对不同海拔地区 9 个气象站点气象数据分析计算，应用不同方法得到逐日 ET_0（样本数 n=3653×9），分别将 2 种简化温度算法（HS

法、HS-E 法）计算结果与 PM 标准法计算结果进行均方根误差（RMSE）分析、平均相对误差（MRE）分析、纳什效率系数（NSE）分析。

新方法 HS-E 模型在仅基于温度数据、地理位置数据的基础上计算得到 ET_0，其结果较为接近标准值，如表 3-9 所示。

表 3-9 不同方法在高海拔地区逐日 ET_0 分析比较

站点	地区	海拔/m	方法	纳什效率系数（NSE）	均方根误差（RMSE）/（mm/d）	平均相对误差（MRE）/%	不同方法计算结果与 ET_{0PM} 标准法比值（ET_{0EST}/ET_{0PM}）
察隅	林芝地区	2327.6	HS 法	0.49	0.75	21.22	1.21
			HS-E 法	0.83	0.41	13.79	1.14
林芝	林芝地区	2991.8	HS 法	0.66	0.55	7.31	1.07
			HS-E 法	0.69	0.53	14.6	1.14
泽当	山南地区	3560	HS 法	0.78	0.58	−5.26	0.94
			HS-E 法	0.8	0.55	9.3	1.09
拉孜	日喀则地区	4000	HS 法	0.61	0.83	−14.29	0.86
			HS-E 法	0.76	0.65	4.98	1.05
当雄	拉萨地区	4200	HS 法	0.81	0.52	−15.77	0.84
			HS-E 法	0.77	0.58	22.91	1.23
定日	日喀则地区	4300	HS 法	0.7	0.65	−16.99	0.83
			HS-E 法	0.83	0.49	13.22	1.13
改则	阿里地区	4414.9	HS 法	0.65	0.94	−34.25	0.66
			HS-E 法	0.88	0.56	6.29	1.06
那曲	那曲地区	4507	HS 法	0.78	0.55	−22.35	0.78
			HS-E 法	0.78	0.56	24.13	1.24
安多	那曲地区	4800	HS 法	0.66	0.72	−36.96	0.63
			HS-E 法	0.87	0.43	14.98	1.15
平均			HS 法	0.68	0.68	19.3（绝对值）	0.87
			HS-E 法	0.80	0.53	13.80	1.14

由表 3-9 可知：

（1）HS-E 模型 NSE 为 0.69 至 0.88，平均 0.80，接近于 1；HS 模型 NSE 系数为 0.49 至 0.81，平均 0.68（＜0.80）。HS-E 模型模拟结果优于 HS 模型，HS-E 模型质量更高。

（2）HS-E 模型 RMSE 为 0.41mm/d 至 0.65mm/d，平均 0.53 mm/d；HS 模型 RMSE 为 0.52mm/d 至 0.94mm/d，平均 0.68mm/d，经 HS-E 模型的计算值同真值之间的偏差更小。

（3）HS-E 模型 MRE 分析相对误差为 9.3%至 22.91%，平均值（MRE 绝对值平均）13.8%；HS-E 模型 MRE 表现优于 HS 模型的−39.96%至 21.22%（绝对值平均 19.3%），新模型避免了负偏差的出现，预测精度更高，预测值更接近实际情况。

（4）HS-E 模型回归斜率为 1.05～1.24，平均 1.14，略微呈现正偏差；对比 HS 模型（回归斜率为 0.63～1.21），HS-E 模型表现更加稳定。

通过对比 ET_0 逐日数据可知，HS-E 修正式对比 HS 模型在高海拔地区表现出更好的稳定性与适应性。

2．逐月 ET_0 对比分析

分别应用 PM、HS、HS-E 模型计算得到逐月 ET_0（样本数 n=120×9）。将 HS-E 修正模型、HS 模型分别与标准 PM 公式计算的逐月 ET_0 值进行对比分析（具体结果如图 3-6 所示）。基于 NSE 模型质量分析、RMSE 模型误差分析可知：

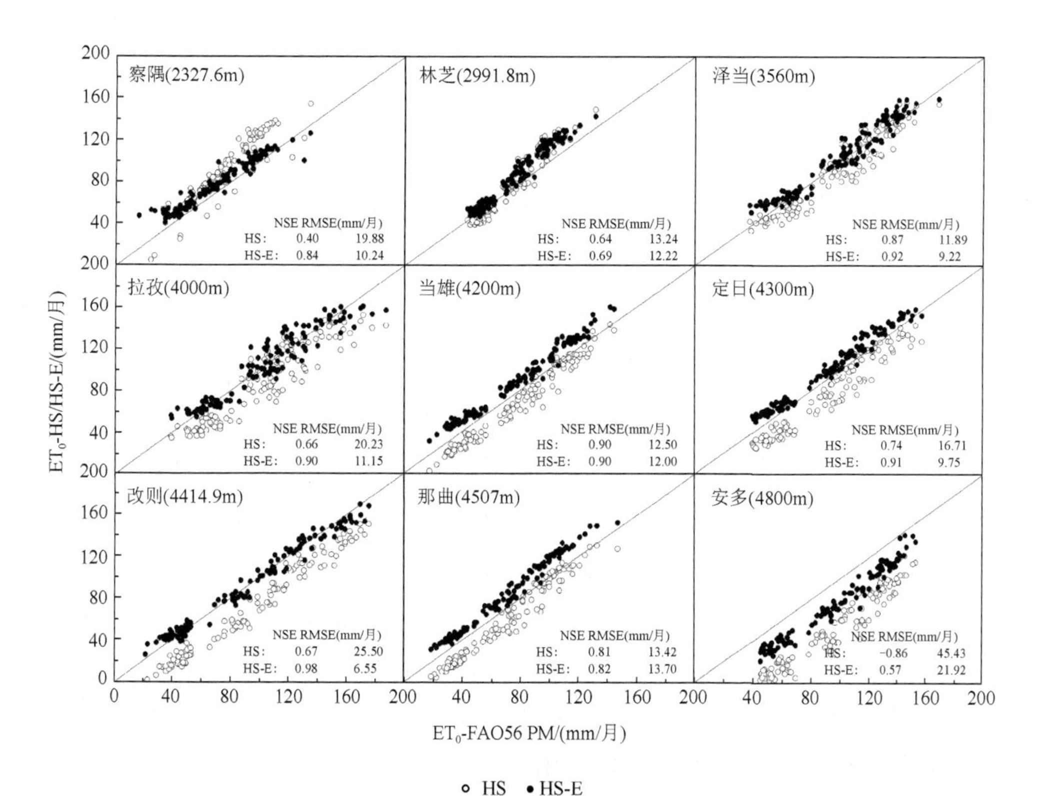

图 3-6　不同模型在高海拔地区逐月 ET_0 分析比较

（1）在所有不同海拔的 9 个不同站点间，综合对比 NSE［月尺度（0.84）＞日尺度（0.80）］、RMSE（11.90mm/月优于 0.53mm/d）、MRE（12.50＜13.80）不同时间尺度条件下的误差分析结果可知，新模型 HS-E 逐月 ET_0 计算结果更优于逐日 ET_0 计算结果，因此随着计算时段增长，HS-E 模型误差更小，且对比 HS 模型优势更加明显。

（2）HS-E 模型 NSE 为 0.57 至 0.98，平均 0.84，接近于 1；HS 模型 NSE 系数为-0.86 至 0.90，平均 0.54（＜0.84），HS-E 模型模拟结果优于 HS 模型，HS-E 模型质量更高。

（3）HS-E 模型 RMSE 为 6.55mm/月至 21.92mm/月，平均 11.90mm/月；HS 模型 RMSE 为 11.53mm/月至 45.43mm/月，平均 20.00mm/月；经由 HS-E 模型的逐月 ET_0 计算值同真值之间的离散程度更小。

（4）HS-E 模型 MRE 分析相对误差为-24.48%（安多）至 24.92%（那曲），平均值（MRE 绝对值平均）为 12.50%；HS 模型为-53.11%（安多）至 19.73%（察隅），平均值（MRE 绝对值平均）为-21.40%，新模型误差范围小，计算结果更接近实际情况。

3.3　基于 GA-BP 网络的 ET_0 预报方法研究

参考作物腾发量（ET_0）的预报是自然科学与技术科学领域内的一个难题。造成预报研究困难的主要原因是 ET_0 本身的计算具有复杂性及不确定性。复杂性表现在正确计算 ET_0 需要对多种气象数据进行观测，通过复杂的计算推导出理论值；不确定性表现在对 ET_0 进行预报的气象因子是不确定的、多变的，如风速、降水、日照等。预报对象与预报因子间存在高度复杂的非线性关系，预报因子与预报因子间也存在复杂的非线性关系。针对参考作物腾发量的计算特点，本节利用遗传神经网络（GA-BP）建立预报模型，对作物生育期内不同月份的 ET_0 进行预报研究，以期对未来月际间作物需水量的变化进行预判，进而为将来灌溉制度的制订提供依据，提高水分利用效率与劳动效率。

3.3.1　GA-BP 网络建模思路

事物间的联系是普遍存在的，尽管很多关系是复杂、多样且多变的。单纯的线性关系很难准确地描述某两者之间的联系，在复杂多变的非线性关系中如何寻找更加准确的预报模型是当前预报研究的重点。为了防止 BP 网络容易陷入局部极小影响的缺陷发生，本小节通过遗传算法对神经网络权阈值进行 GA 优化，建立 GA-BP 网络模型。

GA-BP 网络模型采用三层神经网络，具有非常强的非线性处理能力，理论上三层 BP 网络结构，可以通过任意的计算精度逼近任意的输入与输出的映射。将经过筛选用于计算的 k 个预报因子作为神经网络预报模型中的自变量（x），因变量 y 作为期望的网络输出预报项。

GA-BP 网络算法流程如图 3-7 所示。

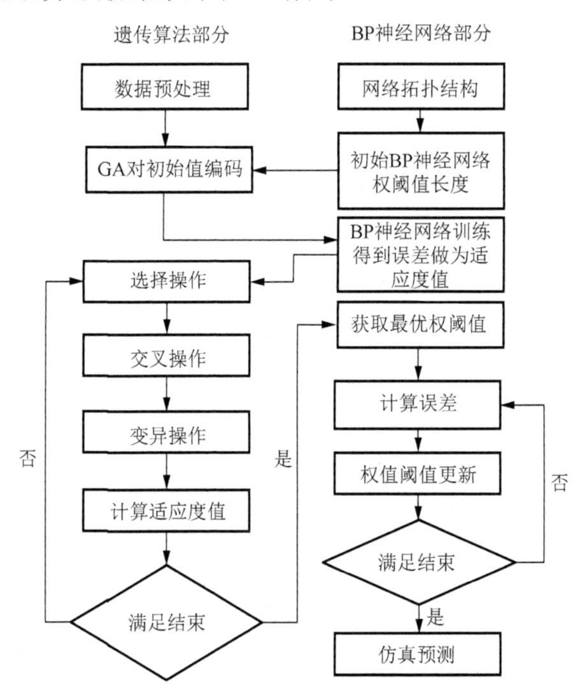

图 3-7　算法流程图

首先，为 GA-BP 网络确定个体串长（l）：

$$l = k \times g + g + g \times n + n \tag{3-15}$$

式中，k——输入节点个数；

g——隐层结点个数；

n——输出节点个数。

其次，对 BP 神经网络的权阈值进行遗传编码，并将其作为遗传算法的父代，所以种群中的每个单独个体均包含了一个 BP 网络所有的权阈值，可以通过适应度函数对个体的优劣性进行评价。然后，通过选择、交叉和变异操作寻找到最优的适应度值对应的个体，这个被寻找到的最优个体即为 GA-BP 网络最优权阈值。最后，利用优化后的 GA-BP 网络对预报因子进行训练，对预报对象进行预测。

3.3.2　GA-BP 网络建模计算

GA-BP 网络建模计算具体计算步骤如下。

1．编码

GA-BP 网络算法采用实数编码，其中每个染色体由隐含层阈值、输入层与隐含层连接权值、隐含层与输出层连接权值和输出层阈值四部分组成。

2．适应度函数

本书把期望输出和预测输出之间的绝对误差值作为个体适应度（ada.），其计算公式为

$$\text{ada.} = m\left[\sum_{i=1}^{n}\text{abs}\left(y_i - o_i\right)\right] \tag{3-16}$$

式中，m——系数，取 0～1 的值；

n——网络输出节点的个数；

o_i——第 i 个节点的预测输出；

y_i——神经网络第 i 个节点的期望输出。

3．选择操作

对于选择操作这一选项，本书采用轮盘赌法，对于每个个体 i 的选择概率 P_i 为

$$f_i = \frac{1}{\text{apa}_i} \tag{3-17}$$

$$P_i = \frac{f_i}{\sum_{j=1}^{N} f_i} \tag{3-18}$$

式中，apa_i——个体 i 的适应度；

N——种群个体数。

4．交叉操作

交叉操作采用两个个体算术交叉，针对所选择的两个染色体进行如下交叉，

$$c_1' = \alpha c_1 + (1-\alpha) c_2 \tag{3-19}$$

$$c_2' = \alpha c_2 + (1-\alpha) c_1 \tag{3-20}$$

式中，a——随机数 $\alpha \in (0,1)$；

c_1，c_2——父代个体；

c_1'，c_2'——子代个体。

5．变异操作

选取第 i 个个体的第 j 个基因 a_{ij} 进行变异，变异操作方法如下：

$$a_{ij} = \begin{cases} a_{ij} + (a_{ij} - a_{\max}) \times f(g) & r > 0.5 \\ a_{ij} + (a_{\min} - a_{ij}) \times f(g) & r \leqslant 0.5 \end{cases} \tag{3-21}$$

式中，$a_{\max}$——基因 a_{ij} 的上界；

$a_{\min}$——基因 a_{ij} 的下界；

$f(g)$——$r_1(1-g/G_{\max})^2$，其中 $G_{\max}$——最大进化次数；

r_1——一个随机数；

g——当前迭代次数；

r——[0，1]之间的随机数。这样既保证了变异发生在基因变化范围（上、下限），又随着进化次数的增加保护了有效基因。

6．预测

经过以上步骤，可以找出适应度最大的个体，即为最优权阈值，将其赋值给神经网络，并进行预测。

3.3.3　ET_0 的预测实例

1．数据输入与处理

遗传神经网络中的输入数据来自中国气象科学数据共享服务网，包

括 1983～2012 年每日的日照时数（J_H，h）、平均气温（T_{mean}，℃）、最高气温（T_{max}，℃）、最低气温（T_{min}，℃）、平均相对湿度（HUM，%）、平均风速（μ, m/s）、降水量（P, mm）；另一部分输入数据，通过式（3-3）对典型地区逐日参考作物腾发量进行计算，经过日累积计算得到月参考作物腾发量的数据，对实际生产更有意义。数据输入的时间段为 1983～2012 年每年的 5 月到 9 月份，即作物生育期时间段内 30 年的数据资料。

模型中本书采用多年训练，前一年数据预报当年 ET_0 的模式。

$$\varphi_{i+1,j}=f\left(J_{Hi,j},T_{max\,i,j},T_{min\,i,j},\mathrm{HUM}_{i,j},\mu_{i,j},P_{i,j}\right) \tag{3-22}$$

式中，i——年份，1983≤i≤2012；

j——月份，5≤j≤9；

$\varphi_{i+1,j}$——对 i+1 年 j 月的预报值，mm/月；

$J_{Hi,j}$——i 年 j 月的日平均日照时数，h；

$T_{max\,i,j}$——i 年 j 月的日平均最高温度，℃；

$T_{min\,i,j}$——i 年 j 月的日平均最低温度，℃；

$\mathrm{HUM}_{i,j}$——i 年 j 月的日平均大气相对湿度，%；

$\mu_{i,j}$——i 年 j 月的 2m 高度处的日平均风速，m/s；

$P_{i,j}$——i 年 j 月的日平均降水量，mm。

在 GA-BP 网络计算中，本节利用 1983～2009 年的输入数据进行网络的训练，确立模型，利用 2010～2012 年这连续三年的输入数据进行检验；本书具体采用第 i 年 j 月的数据，预报第 i+1 年 j 月的数据，当连续三年（2010～2012 年）的检验误差在规定的阈值范围（10%）时，默认训练建模成功。

2．GA-BP 网络预报与误差检测

在 GA-BP 网络计算中，必须当连续 3 年的计算数据均在规定阈值的范围内（≤0.1）时，才可输出模拟结果 GA-BP 网络的预报值、真实值、绝对误差和相对误差。其中：

$$\text{绝对误差}(\varDelta)=\text{预报值}-\text{真实值} \tag{3-23}$$

$$\text{相对误差}(\delta)=(\text{预报值}-\text{真实值})/\text{真实值} \tag{3-24}$$

从图 3-8 中可看出，真实值与预报值线性关系非常好，斜率接近于 1，2010～2012 年拟合线性公式的相关系数 R^2 分别达到 0.8805、0.9363、

0.9167。表 3-10 中列出 2010～2012 年连续三年的模拟结果与真实值的误差，可以发现其相对误差均在 10%以内，预报结果较为精确。

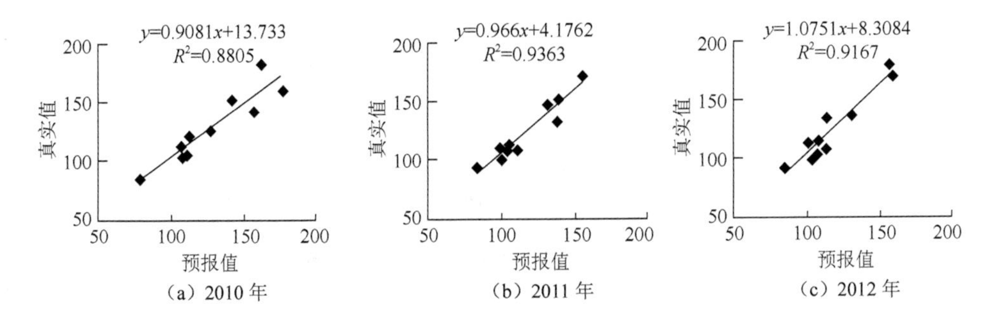

图 3-8　真实值与预报值散点图

表 3-10　GA-BP 网络模拟结果

地区	月份	真实值			预报值			Δ			δ		
		2010 年	2011 年	2012 年	2010 年	2011 年	2012 年	2010 年	2011 年	2012 年	2010 年	2011 年	2012 年
那曲县	5	103.8	110.2	113.6	106.8	109.9	115.8	3.0	−0.3	2.2	0.029	−0.003	0.019
	6	126.9	104.4	119.1	125.2	101.0	109.0	−1.7	−3.4	−10.1	−0.013	−0.033	−0.085
	7	122.1	106.0	110.0	112.4	110.9	99.5	−9.7	4.9	−10.5	−0.079	0.046	−0.095
	8	106.3	115.7	107.9	109.6	108.6	113.9	3.3	−7.1	6.0	0.031	−0.061	0.056
	9	85.7	87.3	88.3	78.2	93.6	94.1	−7.5	6.3	5.8	−0.088	0.072	0.066
改则县	5	151.8	147.0	138.7	141.7	133.2	138.9	−10.1	−13.8	0.2	−0.067	−0.094	0.001
	6	160.8	149.5	170.6	175.7	150.9	171.1	14.9	1.4	0.5	0.093	0.009	0.003
	7	182.6	166.6	167.6	163.3	171.3	179.8	−19.3	4.7	12.2	−0.106	0.028	0.073
	8	143.7	141.0	119.9	156.6	146.4	133.5	12.9	5.4	13.6	0.090	0.038	0.113
	9	112.0	111.6	112.2	106.3	113.1	102.9	−5.7	1.5	−9.3	−0.051	0.013	−0.083

3.4　小　　结

综合本章研究结果，可得如下结论。

（1）对比 FAO56 PM 标准公式，Hargreaves-Samani 法、Priestley-Taylor 法、Irmark-Allen 拟合法三种简化模型全年 ET_0 计算值变化趋势与标准算法基本一致，其中 PT 模型计算结果最为接近标准算法，但其与 IA 拟合算法一样，需要同时引入温度数据与日照时数作为输入项。综合评定，HS 法较为优越，在保证计算精度的同时，仅需要温度数据作为输入项，因此本章利用主成分分析，以 PM 模型为标准，引入海拔因子对 HS 模型进行修正，得到了计算精度更高，适用于海拔 2000m 以上地区的 HS-E 修正模型，公式为$ET_{0HSE}=10^{-5}\left(aH^2+bH+5\right)\left(T_{mean}+36.6\right)\left(T_{max}-T_{min}\right)^{0.5}R_a$，其中经验系数 a 为-8×10^{-6}；b 为 0.07，该系数在海拔 2000m 以上大部分地区均适用，但高山地带地貌状况复杂，在西藏西部喜马拉雅山区，温度骤降，常出现水汽冻结的现象，该系数需要回归修正后采用。HS-E 修正模型改进了 HS 模型中的温度常数（-17.8），经过梳理西藏典型地区 1960～2015 年最低日 T_{mean} 数据，将温度常量修订为-36.6，避免了原 HS 模型在高寒地区 ET_0 计算出现负值的情况，提升 ET_0 计算结果的实际应用性与精度。

（2）通过 GA-BP 网络训练，本书采用前一年的月数据预报当年的月 ET_0，应用 1983～2009 年的数据建立神经网络模型，应用 2010～2012 年这三年的数据进行验证，当连续 3 年预报值均满足要求时，输出预测结果，这样使得模型保证了预报精确度的同时兼具预报稳定性。结果发现，多年的模拟预报值与实际值之间的相对误差均处于 0.1 之下，模拟结果非常好。该方法适用于高海拔地区不同月份间 ET_0 的预测。

第 4 章　西藏典型地区饲草作物需耗水规律研究

作物需耗水量及规律是制订灌溉制度的基础，不仅与作物品种、生育阶段有关，而且与气候条件（辐射、气温、日照、风速和湿度等）和土壤条件有关。由于缺乏对西藏地区人工饲草作物需耗水量的系统研究，给草地灌溉工程规划、设计带来一定困难。因此，本书以当雄县、拉萨市郊为研究区，对西藏 4000m 以上的高寒牧区（当雄县为例）和 4000m 以下（拉萨市郊为例）典型农区燕麦，青稞需耗水量及需水规律开展研究，为西藏不同地区典型饲草作物灌溉制度制订提供科学依据。

4.1　典型高寒牧区饲草燕麦与青稞耗水规律

4.1.1　研究方法

作物需水量从理论上说是指生长在大面积上的无病虫害作物，当水分和肥力适宜时，在给定的生长环境中能取得高产潜力的条件下，为满足植株蒸腾和土壤蒸发，组成植株体所需的水量。过去五十多年中，研究者对作物需水量做了大量的研究工作，提出了多种作物需水量的测定方法，包括涡度相关法（eddy correlation）、波文比法（Bowen ratio）、蒸腾液流法（sap flow）、蒸渗仪法、水量平衡法等。根据研究区试验条件，采用水量平衡法计算典型作物不同处理的需（耗）水状况。计算公式为

$$\mathrm{ET} = P + I - \Delta \mathrm{SWS} - Q \tag{4-1}$$

式中，ET——总需（耗）水量；

P——生长季的某一时段有效降水量；

I——某一时段有效灌溉量；

ΔSWS——土壤贮水量；

Q——地下水的补给量和渗漏量。

在计算过程中参考灌溉试验规范中的方法，上述指标均以 mm 为单位计算。

（1）P 的计算方法。本书将 24h 内大于 3mm 的降水视作有效降水。

（2）I 的计算方法。依据不同作物、不同处理、不同生育阶段实际净灌水定额进行计算。

（3）ΔSWS 的计算方法。将作物根层土壤分为 4 层，并根据如下公式计算：

$$\Delta \text{SWS} = W_2 - W_1 \tag{4-2}$$

$$W_i = \sum_{i=10}^{i=40} \theta_i H_i \tag{4-3}$$

式中，W_1——生育期前土壤贮水量，mm；

W_2——生育期后土壤贮水量，mm；

i（=10、20、30、40）——距地表 10cm、20cm、30cm、40cm 处的土壤体积含水率值。

（4）Q 的计算方法。研究区地下水位大于 5m，而且耕作层以下多为砂砾层、砾石隔水层，故本书在使用水量平衡法的过程中不考虑地下水补给和渗漏的影响。

4.1.2 饲草燕麦、青稞耗水量分析

1．饲草燕麦耗水规律研究

耗水量、耗水模数和耗水强度是分别从不同角度对作物需水规律的表达。耗水量是指全生育期和各生育阶段作物生长发育所消耗的水量；耗水模数是指各生育期耗水量占全生育期耗水量的比例，与生育阶段长度和日耗水强度有关；日耗水强度指作物单日所耗水量，主要反映不同生育阶段作物新陈代谢和光合作用的强度，与作物生长发育程度有关。本书对燕麦不同处理各生育阶段的耗水量、耗水模数和耗水强度进行计算（表 4-1～表 4-3）。从表中可以看出，燕麦在全生育期耗水量、耗水模数、耗水强度总体变化均呈现先升高最后降低的变化趋势。出苗前和苗期植株覆盖度较低，这一时段燕麦耗水以土壤蒸发为主。随着作物的生长发育，耗水量、耗水模数和耗水强度不断增大，到拔节期达到最大。拔节期燕麦由快速生长期进入生长旺盛期，植物覆盖度开始达到最大，田间裸露地表不断减少，作物腾发量主要以作物蒸腾为主；同时，

该阶段作物生长发育进入成熟阶段，光合作用较为活跃，蒸腾需水达到最大。

表 4-1　燕麦不同处理各生育期阶段耗水量

处理号	耗水量/mm					
	出苗前	苗期	拔节期	抽雄期	灌浆期	全生育期
Y1	42	98	126	127	93	485
Y2	44	76	114	111	107	452
Y3	28	65	112	111	94	410
Y4	42	70	117	82	99	410
Y5	42	74	117	123	62	419
Y6	27	56	113	85	55	335
Y7	43	100	112	92	39	385

表 4-2　燕麦不同处理各生育期阶段耗水模数

处理号	耗水模数/%				
	出苗前	苗期	拔节期	抽雄期	灌浆期
Y1	8.56	20.18	26.04	26.14	19.08
Y2	9.68	16.92	25.22	24.51	23.67
Y3	6.90	15.77	27.38	27.14	22.81
Y4	10.22	17.08	28.61	19.96	24.13
Y5	10.12	17.73	27.90	29.42	14.82
Y6	7.96	16.83	33.58	25.26	16.38
Y7	11.10	25.91	29.06	23.79	10.14

表 4-3　燕麦不同处理各生育期阶段日耗水强度

处理号	耗水强度/（mm/d）				
	出苗前	苗期	拔节期	抽雄期	灌浆期
Y1	3	4	5	5	4
Y2	3	3	5	4	4
Y3	2	3	4	4	4
Y4	3	3	5	3	4
Y5	3	3	5	5	2
Y6	2	2	4	3	2
Y7	3	4	4	4	2

在各处理间，充分灌溉处理（Y1），土壤长期保持较湿润状态，水分容易蒸发；同时该处理的作物生长状态最好，作物蒸腾较其他处理要大，全生育期耗水量为485mm。而Y6处理不进行灌溉，全生育期作物需水完全依靠天然降水，所以该处理土壤干燥，水分不易蒸发，作物受阶段性干旱影响，生长发育受到抑制，作物蒸腾降低，导致该处理耗水量最低，全生育期耗水量为335mm。Y3、Y4、Y5、Y7为单阶段受旱处理或多阶段连续受旱处理，在各自的受旱生育阶段，耗水量明显低于其他处理。

2．饲草青稞耗水规律研究

本书对青稞不同处理各生育期阶段的耗水规律进行了计算，结果见表 4-4～表 4-6。从表中可以看出，青稞在全生育期耗水量、耗水模数总体变化均呈现由低到高的变化趋势；而日耗水强度呈先升高后降低的变化趋势，抽雄期达到峰值。从各生育阶段来看，出苗前和苗期由于植株覆盖度较低，这一时段青稞耗水以土壤蒸发为主。随着作物的生长发育，植株覆盖度不断增大，到拔节期青稞由快速生长期进入生长旺盛期，植物覆盖度开始达到最大，田间裸露地表不断减少，青稞的腾发量主要以作物蒸腾为主；抽雄期作物生长发育逐渐步入成熟，光合作用较为活跃，蒸腾需水达到最大。由于青稞灌浆期历时较长，耗水量和耗水模数在该生育期达到最大。

表 4-4　青稞不同处理各生育期阶段耗水量

处理号	耗水量/mm					
	出苗前	苗期	拔节期	抽雄期	灌浆期	全生育期
Q1	46	75	83	113	128	445
Q2	47	50	82	112	114	405
Q3	23	30	75	116	122	366
Q4	46	58	76	69	114	363
Q5	47	45	81	110	92	376
Q6	28	41	73	66	87	295
Q7	46	71	82	76	91	366

表 4-5 青稞不同处理各生育期阶段耗水模数

处理号	耗水模数/%				
	出苗前	苗期	拔节期	抽雄期	灌浆期
Q1	10.41	16.78	18.64	25.47	28.70
Q2	11.63	12.37	20.17	27.78	28.05
Q3	6.33	8.08	20.51	31.72	33.36
Q4	12.66	15.89	20.90	19.12	31.43
Q5	12.51	12.01	21.63	29.27	24.57
Q6	9.46	13.74	24.79	22.41	29.60
Q7	12.45	19.38	22.47	20.71	24.99

表 4-6 青稞不同处理各生育期阶段日耗水强度

处理号	耗水强度/（mm/d）				
	出苗前	苗期	拔节期	抽雄期	灌浆期
Q1	3	5	6	8	5
Q2	3	3	5	7	5
Q3	2	2	5	8	5
Q4	3	4	5	5	5
Q5	3	3	5	7	4
Q6	2	3	5	4	3
Q7	3	4	5	5	4

在各处理间，充分灌溉处理（Q1）土壤长期保持湿润状态，水分容易蒸发；同时该处理的作物生长状态最好，作物蒸腾较其他处理要大，所以 Q1 处理全生育期的耗水量最大，全生育期耗水量为 445mm。而 Q6 处理不进行灌溉，全生育期作物需水完全依靠降水，所以该处理土壤干燥，水分不易蒸发；作物受阶段性干旱影响，生长发育受到抑制，作物蒸腾降低，导致该处理耗水量最低，全生育期耗水量为 295mm。Q3、Q4、Q5、Q7 为单阶段受旱处理或多阶段连续受旱处理，在各自的受旱生育阶段，耗水量明显低于其他处理。

3．燕麦、青稞需水规律

根据牧草充分灌溉试验（Y1、Q1）关于耗水规律、耗水量的计算结果和水分对牧草产量的影响，确定了燕麦、青稞需水规律（表 4-7）。

表 4-7　燕麦、青稞需水规律

作物名称	需水量指标	生育期					合计
		出苗前	苗期	拔节期	抽雄期	灌浆期	
燕麦	时段	5 月下旬～6 月中旬	6 月中旬～7 月上旬	7 月上旬～8 月上旬	8 月上旬～9 月上旬	9 月上旬～9 月下旬	—
	需水量/mm	42	98	125	127	93	485
	需水强度/（mm/d）	3	4	5	5	4	—
	需水模数/%	8.56	20.18	26.04	26.14	19.08	100
青稞	时段	5 月下旬～6 月中旬	6 月中旬～7 月上旬	7 月上旬～7 月下旬	7 月下旬～8 月上旬	8 月上旬～9 月上旬	—
	需水量/mm	46	75	83	113	128	445
	需水强度/（mm/d）	3	5	6	8	5	—
	需水模数/%	10.41	16.78	18.64	25.47	28.70	100

由表 4-7 可知，燕麦全生育期需水量为 485mm，其中抽雄期需水量、需水强度、需水模数最大，需水量为 127mm；需水强度在 3～5mm/d 变动；需水模数占全生育期的 26.14%；青稞的全生育期需水量为 445mm，其中灌浆期需水量最大，为 128mm；需水强度在 3～8mm/d 变动，在拔节期最大；需水模数以灌浆期为最大，占全生育期的 28.70%。

根据对比，本书中燕麦需水量较西北牧区燕麦需水量大，研究认为，由于该地区饲草料地土壤层仅为 25～35cm，下层多为岩体或其他不透水地质构造。在牧草充分灌溉试验中，仅以 30cm 深耕作层为灌溉水湿润深度，且无地下水补给，因此，浅层土壤极易接受太阳热能，土壤中水分为易蒸发水。另外，该地区降水多为夜雨、小雨，且降水补给频繁，而白天太阳辐射较强，形成夜晚降水白天蒸发的一种常态，也是造成土壤水蒸发量大的一个原因。综上所述，作物蒸腾和土壤蒸发作为构成作物需水量的两个因素，由于土壤蒸发在作物需水量中所占比例较其他地区有所增加，导致该地区燕麦需水量比其他地区燕麦需水量偏大，这也是高寒牧区作物需水量的特殊性之一。

4.1.3　饲草燕麦、青稞产量与水分生产率

1. 饲草燕麦产量与水分生产率

根据燕麦的不同缺水处理，对其产量、减产率及水分生产率（WUE）

进行分析表明（图 4-1），在燕麦生长的各生育阶段，发生水分胁迫均会造成一定幅度的减产。燕麦在不进行灌溉的 Y6 处理减产率最高，达到 68.02%，中等水分处理（Y2）减产率最小，为 10.5%，同样造成严重减产的是播种-苗期干旱处理（Y3），减产率为 63.83%，抽雄期干旱处理（Y4）减产率为 26.4%，灌浆期干旱处理（Y5）减产率为 17.8%。可见出苗前与苗期缺水造成燕麦大幅减产，该阶段是当地燕麦灌水关键期。

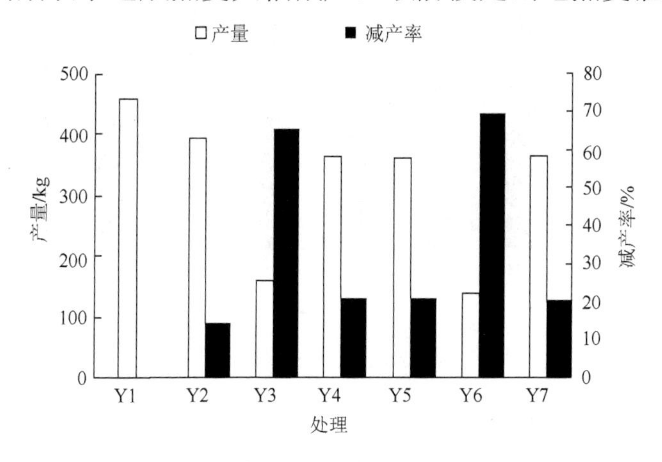

图 4-1　燕麦不同水分处理产量和减产率

由图 4-2 可看出，燕麦在苗期不灌溉处理（Y3）的水分生产率最低（0.58kg/m^3），由于该时期缺水不仅导致出苗率降低，而且出苗后生长发育滞后，致使水分生产率较低；自然状态下（Y6）水分生产率为 0.63kg/m^3，其数值上大于 Y3 处理，由此可以看出，若出苗前与苗期不灌溉，即使其他生育期灌水，单位水产生的效益仍然极低。适宜水分条件（Y1）下水分生产率为 1.41kg/m^3，中等水分条件（Y2）下水分生产率为 1.30kg/m^3，抽雄期不灌溉的处理（Y4）水分生产率为 1.32kg/m^3，灌浆期不灌溉的处理（Y5）水分生产率为 1.29kg/m^3，Y7 处理拔节期、抽雄期、灌浆期均不灌溉，其水分生产率最高，为 1.42kg/m^3。由此可以看出，中等水分条件下抽雄期、灌浆期不进行灌溉的情况下水分生产率差异不是很显著，说明抽雄期、灌浆期适当的水分胁迫不影响作物的水分生产率。Y7 处理水分生产率最高，由于拔节期正处于该地区的雨季，在降水的作用下，土壤水分一直处于水分适宜的条件下，该处理实际为抽雄期、灌浆期连旱，水分胁迫对产量影响较小，灌水相对更少，导致该处理水分生产率最大。产量和水分生产率对需水量的要求具有不同步性，即当水分生产率已达到最大值时，产量仍随需水量的增加而增大。因此不能盲目追求产量最大，在追求获得较高产量的同时，也要注重提高水分生产率，寻求两者之间的平衡点，使有限的水资源发挥最大效益。

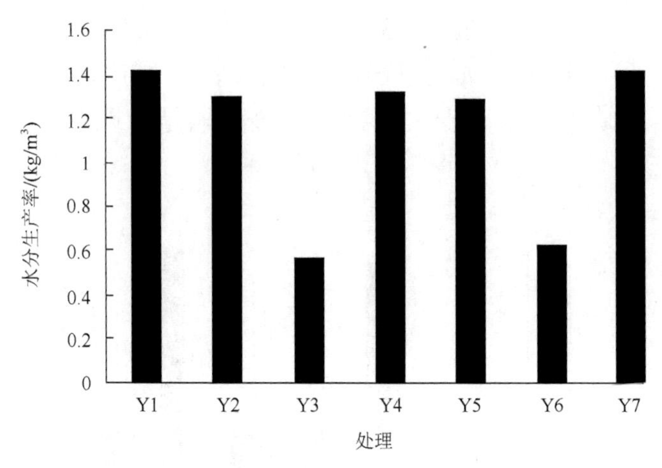

图 4-2　燕麦不同水分处理水分生产率

2. 饲草青稞产量与水分生产率

由图 4-3 可看出，青稞在自然状态下（Q6）与充分灌溉（Q1）相比减产率最高，达到 67.12%；中等水分（Q2）条件下减产率为 3.30%；出苗前干旱（Q3）减产率为 44.46%；抽雄期干旱（Q4）减产率为 12.50%；灌浆期干旱（Q5）减产率为 28.72%；抽雄期和灌浆期连旱（Q7）减产率为 36.32%。可见，出苗前缺水造成青稞大幅减产，该阶段是当地青稞灌水关键期。

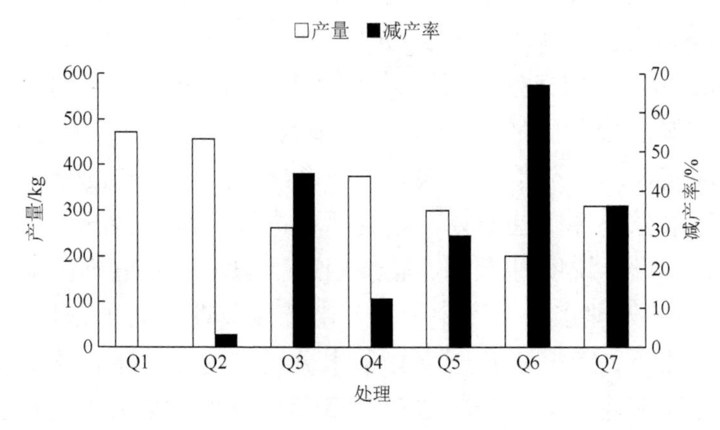

图 4-3　青稞不同水分处理产量和减产率

由图 4-4 可看出，青稞 Q6 处理在完全不进行灌溉的情况下水分生产率最低，为 0.78kg/m^3，该时期缺水不仅导致出苗率降低，而且出苗后生长发育滞后，致使水分生产率降低。中等水分条件下，Q2 处理水分生产率为 1.69kg/m^3，播种～苗期干旱处理（Q3）水分生产率为 1.07kg/m^3，抽雄期干旱处理（Q4）水分生产率为 1.70kg/m^3，灌浆期干旱处理（Q5）水分生产率为 1.18kg/m^3，抽雄期和灌浆期连旱处理（Q7）水分生产率为 1.23kg/m^3。水分生产率与产量保持一致的变化规律。

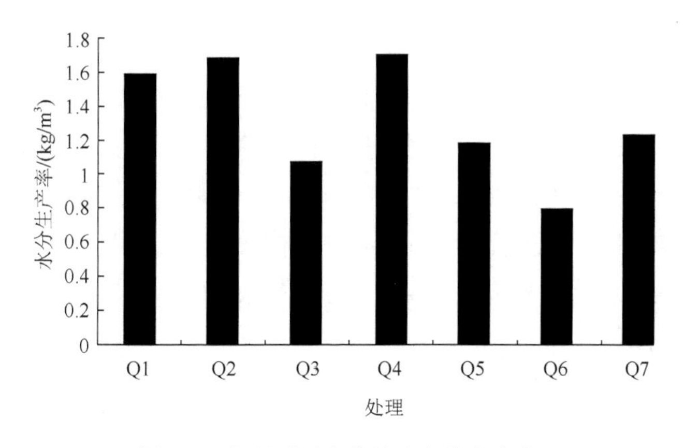

图 4-4　青稞不同水分处理水分生产率

4.2　典型农区饲草燕麦耗水规律

4.2.1　研究方法

本节以西藏拉萨市郊（西藏农牧科学研究院野外试验基地）为典型地区开展研究。根据研究区试验条件，采用定位通量法与土壤水量平衡法计算牧草需（耗）水状况。计算公式为

$$ET = P + I - \Delta SWS + Q \tag{4-4}$$

P、I、ΔSWS 的计算方法参考本书 4.1.1 小节，在计算过程中参考灌溉试验规范中的方法，上述指标均以 mm 为单位计算。

Q 的计算方法：该研究区位于河滩地带，地下水位小于 5m，地下水渗漏补给量不可忽略，故本书采用不同时段实测得到的含水率计算土壤水分的渗漏补给量。

采用 van Genuchten 提出的方程来拟合土壤水特征曲线，计算公式为

$$\bar{\theta}(h)=\left[1+(ah)^{N}\right]^{-M} \tag{4-5}$$

$$\bar{\theta}=(\theta-\theta_{1})/(\theta_{g}-\theta_{r}) \tag{4-6}$$

式中，θ_g——土壤饱和含水量；

θ_r——土壤剩余含水量；

h——土壤基质势；

M、N、a——待定系数，其中 $M=1-1/N$。

1907 年，Edgar Buckingham 提出了一个修正的 Darcy 定律用以描述通过非饱和土壤的水流。这个修正有两个基本假设：在等温、非膨胀、无溶质半透膜及相对大气压为 0 的非饱和土壤中，土壤水流的驱动力是基质势和重力势之和的梯度，即水力势梯度；非饱和土壤水流的导水率是土壤含水量和基质势的函数。以水势头为单位，Buckingham-Darcy 通量定律可写成：

$$J_{W}=-K(h)\frac{\partial H}{\partial Z}=-K(h)\frac{\partial(h+z)}{\partial z}=-K(h)\left(\frac{\partial h}{\partial z}+1\right) \tag{4-7}$$

对式（4-7）有几点需要强调的。首先，该式是一个微分方程，可理解为对一个无穷薄的土层写的微分方程，在这个无穷薄的土层上，基质势 h 和非饱和导水率 K（h）都可看作常数。这一微分方程也可对一有限土层写成，除非土层的含水量和基质势是均一的，这种情况只在一特殊条件下成立。其次，该式为偏微分方程，非饱和土壤的基质势 h 是土壤深度 z 和时间 t 的函数，以偏微分 $\partial(h)/\partial(z)$ 表示，对于 z 的偏导是在 t 为常量时取定的，这是 h（z）的一个瞬时梯度值：

$$\frac{\partial h}{\partial z}=\left(\frac{\partial h}{\partial z}\right)_{t}=\lim_{\Delta z\to 0}\frac{h(z+\Delta z,t)-h(z,t)}{\Delta z} \tag{4-8}$$

式中，$(\partial h/\partial z)_t$——导数在 t 时刻的求值。

偏微分方程可用以对瞬态流（时间依存）进行数学描述，如果系统是稳态流，偏微分变成常微分方程，因为稳态流 h 只取决于 z，而与 t 无关。

此外，特别提醒的是，式（1-6）是在假定向上为正常情况下建立

的。如假定向下为正，式（1-6）可写成

$$J_{\mathrm{W}} = -K(h)\frac{\partial H}{\partial z} = -K(h)\frac{\partial(h-z)}{\partial z} = -K(h)\left(\frac{\partial h}{\partial z}-1\right) \tag{4-9}$$

非饱和导水率是土壤含水量或土壤基质势的非线性函数。在饱和情况下，粗质地土壤相比细质地土壤有较高的导水率，这是由于粗质地的土壤含有较大孔隙，在饱和状态下这些孔隙充满水并以较高的导水率传导水。但在非饱和状态下，当土壤水吸力加大，粗质地土壤导水率下降速度高于细质地土壤导水率的下降速度，直至粗质地土壤的导水率小于细质地土壤的导水率。这是因为在非饱和状态下，当土壤水吸力不断发展，较大孔隙首先排空，其次才是较小孔隙逐步排空。较大孔隙排空后，土壤水流流径增加，因而导水率会急剧下降，导致一定情况下，粗质地土壤非饱和导水率低于细质地土壤非饱和导水率。

目前还不能根据土壤的特性对非饱和导水率作定量描述，只能用实验的方法进行测定，但也有不少学者根据实验提出一些经验公式，常用的有：

$$K(S) = \frac{a}{b+S^m} \tag{4-10}$$

$$K(S) = \frac{K_{\mathrm{s}}}{CS^m+1} \tag{4-11}$$

$$K(\theta) = K_{\mathrm{s}}\left(\frac{\theta}{\theta_{\mathrm{s}}}\right)^m \tag{4-12}$$

$$K(\theta) = K_{\mathrm{s}}\left(\frac{\theta-\theta_{\mathrm{r}}}{\theta_{\mathrm{s}}-\theta_{\mathrm{r}}}\right)^{0.5}\left\{1-\left[1-\left(\frac{\theta-\theta_{\mathrm{r}}}{\theta_{\mathrm{s}}-\theta_{\mathrm{r}}}\right)^{\frac{n}{n-1}}\right]^{\frac{n-1}{n}}\right\}^2 \tag{4-13}$$

式中：$K(S)$——以基质吸力为变量的非饱和导水率；

$K(\theta)$——以土壤含水量为变量的非饱和导水率；

K_{s}——饱和导水率；

θ_{s}——饱和含水量；

θ_{r}——土壤剩余含水量；

a，b，C，m，n——经验常数。

4.2.2 饲草燕麦耗水量分析

根据计算，充分灌溉处理（Y1）水分充足，土壤长期保持较湿润状态，水分容易蒸发；同时该处理的作物生长状态最好，作物蒸腾较其他处理要大，全生育期耗水量为515mm。而Y5处理只在作物播种前进行灌溉，全生育期作物需水完全依靠天然降水，所以该处理在雨季来临以前，土壤相对干燥，作物受阶段性干旱影响，生长发育受到一定程度抑制，作物蒸腾量相比其他处理也要低，导致该处理耗水量最低，全生育期耗水量为 389mm。Y2、Y3、Y4 为单阶段受旱处理或多阶段连续受旱处理，在各自的受旱生育阶段，耗水量明显低于其他处理，如在苗期干旱的Y2、Y3、Y4处理该阶段耗水量只有54～56mm，远小于充分灌溉的Y1处理（88mm）。拔节期受旱的Y3、Y4处理（118mm、121mm），同样小于该阶段不受旱的Y1、Y2处理（144mm、147mm）（表4-8）。

表4-8　燕麦不同处理各生育期阶段耗水量

处理号	耗水量/mm					
	出苗前	苗期	拔节期	抽雄期	灌浆期	全生育期
Y1	17	88	147	137	126	515
Y2	16	56	144	144	116	476
Y3	17	54	121	135	112	439
Y4	16	55	118	122	105	416
Y5	15	46	111	126	91	389

根据牧草充分灌溉试验（Y1处理）关于耗水规律耗水量的计算结果和水分对牧草产量的影响，确定了燕麦需水规律与需水量，全生育期需水 515mm，需水量最大的时期是拔节期，有 147mm，拔节期的需水强度最大为 5.88mm/d，全生育期中拔节期、抽雄期的需水模数最大，接近30%（表4-8～表4-10）。

表4-9　燕麦不同处理各生育期阶段耗水模数

处理号	耗水模数/%				
	出苗前	苗期	拔节期	抽雄期	灌浆期
Y1	3.30	17.09	28.54	26.60	24.47
Y2	3.36	11.76	30.25	30.25	24.37

续表

处理号	耗水模数/%				
	出苗前	苗期	拔节期	抽雄期	灌浆期
Y3	3.87	12.30	27.56	30.75	25.51
Y4	3.85	13.22	28.37	29.33	25.24
Y5	3.86	11.83	28.53	32.39	23.39

表 4-10　燕麦不同处理各生育期阶段日耗水强度

处理号	耗水强度/（mm/d）				
	出苗前	苗期	拔节期	抽雄期	灌浆期
Y1	1.70	4.40	5.88	4.57	4.20
Y2	1.60	2.80	5.76	4.80	3.87
Y3	1.70	2.70	4.84	4.50	3.73
Y4	1.60	2.75	4.72	4.07	3.50
Y5	1.50	2.30	4.44	4.20	3.03

本书中燕麦需水量大于西北牧区（甘肃）燕麦需水量，初步认为，该地区土壤层较薄，耕作层只有 30cm，土壤下层多为细沙（河滩地开发为耕地）或砂砾层（原始草原翻垦）。因此，浅层土壤极易接受太阳热能，土中水分为易蒸发水。另外，该地区降水多为夜雨、小雨，且降水补给频繁，而白天太阳辐射较强，形成夜晚降水白天蒸发的一种常态，也是造成土壤水蒸发量大的一个原因。综上所述，该地区燕麦需水量比其他地区燕麦需水量偏大的结果是符合当地实际情况，也是高海拔牧区作物需水量的特殊性所在。对比高寒牧区的计算结果，农区燕麦全生育期需水量相对较高，这与两地海拔、气候差异有直接关系。高寒牧区积温与降水低于农区，虽然光照充足但热量不足，直接导致同一品种燕麦在株高、干物质含量上明显低于农区，牧草生长的劣势也是导致需水量低的原因之一。

4.2.3　饲草燕麦产量与水分生产率

对燕麦不同处理产量、减产量及水分生产率（WUE）进行分析表明（图 4-5、图 4-6），在燕麦生长的各生育阶段发生水分胁迫均会造成一定幅度的减产。燕麦只进行播前灌溉的 Y5 处理减产量（与充分灌溉的 Y1 处理对比）最高，达到 174kg，减产率为 29.4%；Y2 处理减产量最小，只有不到 2kg，减产率只有 0.3%，几乎可以忽略；Y3、Y4 减产量升高，分别为 43kg 和 122kg，减产率分别为 7.3%与 20.1%。根据当雄试验结果，结合当地气象条件，研究认为，在保证播前灌溉前提下，拔节期、抽雄初期为燕麦灌水关键期。

由表 4-11 和图 4-6 可看出，燕麦 Y3 处理水分生产率最高（1.87kg/m^3），其次是 Y2 处理（1.86kg/m^3）、Y1 处理（1.72kg/m^3）、Y4 处理（1.69kg/m^3）和 Y5 处理（1.61kg/m^3）。产量和水分生产率对需水量的要求具有不同步性，即当水分生产率已达到最大值时，产量仍随需水量的增加而增大。因此，不能盲目追求产量最大，在追求获得较高产量的同时，也要注重提高水分生产率，寻求两者之间的平衡点。在本书中，苗期缺水的处理 Y3 水分生产率最高（1.87kg/m^3），而该处理全生育期内的净灌水量却只有 85mm，此时，有限的水资源发挥了最大效益。

表 4-11　燕麦不同处理产量与水分生产率

处理	ET_c/mm	ET_c/（m^3/亩）	Y/（kg/亩）	WUE/（kg/m^3）
Y1	515	343.33	591.41	1.72
Y2	476	317.33	589.74	1.86
Y3	439	292.67	548.06	1.87
Y4	416	277.33	469.03	1.69
Y5	389	259.33	417.41	1.61

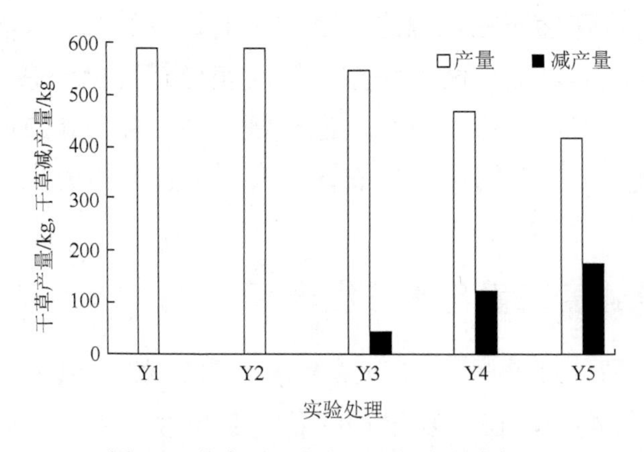

图 4-5　燕麦不同水分处理产量和减产量

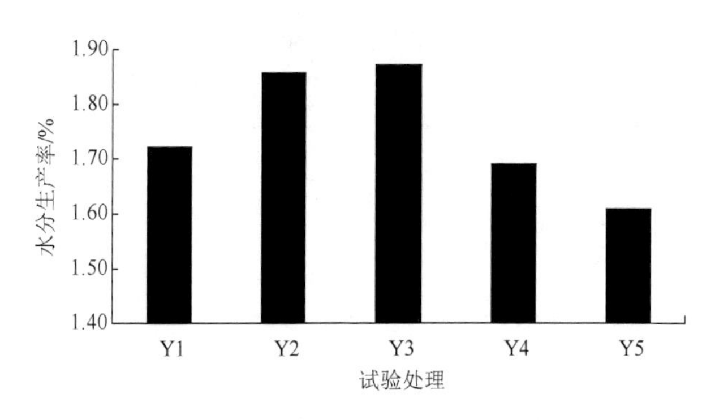

图 4-6　燕麦不同水分处理水分生产率

4.3　典型高寒牧区燕麦作物系数适用性分析

FAO-56 推荐的作物系数法是目前使用最广泛的作物需水量计算方法，被广泛应用于小麦、夏玉米、水稻等作物。其中，作物系数是基于作物腾发量 ET_c 和参照腾发量 ET_0 的比值，它整合了区别实际作物与参考作物的各种特性影响，如作物种类、生育阶段、气候条件、土壤水肥状况以及田间管理水平等影响因素。因此，运用该方法计算作物需水量的关键在于推求特定地区特定作物的作物系数。当前，对于海拔 4000m 以上的高寒牧区燕麦的作物系数尚未有人研究，本书用 FAO-56 作物系数法推求充分灌溉条件下燕麦作物系数，并利用两年的试验资料对作物系数研究结果进行验证，为西藏高寒牧区人工牧草需水量精准计算提供依据。

4.3.1　FAO-56 单作物系数法

在单作物系数法中，把作物蒸腾和土壤蒸发的影响结合到单作物系数 K_c 中来表示作物与参考作物的腾发速率差。该方法将一年生作物的生育期分成四个生长阶段，这四个阶段描述了作物的生物气候特性或作物发育过程，分别是初始生长期、生长发育期、生育中期、生育后期。整个生育期只需要三个 K_c（K_{cini}、K_{cmid}、K_{cend}）值就可以描述和点绘 K_c 曲线。

表 4-12　2011 年作物生育阶段及 U_2、RH_{min}、h

生育阶段	初始生长期	生长发育期	生育中期	生育后期
阶段天数/d	40	25	25	20
U_2/(m/s)	2.16	2.23	2.01	1.81
RH_{min}/%	30.93	42.62	28.33	30.94
h/m	0.13	0.28	0.51	0.64

表 4-13　2012 年作物生育阶段及 U_2、RH_{min}、h

生育阶段	初始生长期	生长发育期	生育中期	生育后期
阶段天数/d	40	25	25	20
U_2/(m/s)	2.7	1.85	2.067	1.89
RH_{min}/%	29.02	40.11	37.61	31.94
h/m	0.11	0.30	0.56	0.69

（1）生育中期、末期作物系数计算。FAO-56 给出了作物生长在半湿润气候区（RH_{min}≈45%，u_2≈2m/s）、无水分胁迫、管理水平高条件下的 K_c 值。其中，燕麦各生育阶段的推荐值分别为 $K_{cini(Tap)}=0.3$、$K_{cmid(Tap)}=1.15$、$K_{cend(Tap)}=0.25$。

对于非标准状态下的作物系数，FAO-56 给出了修正公式：

$$K_{cmid}=K_{cmid(Tap)}+\left[0.04\left(u_2-2\right)-0.004\left(RH_{min}-45\right)\right]\left(\frac{h}{3}\right)^{0.3} \tag{4-14}$$

当 $K_{cend(Tap)}\geqslant 0.45$ 时，

$$K_{cend}=K_{cend(Tap)}+\left[0.04\left(u_2-2\right)-0.004\left(RH_{min}-45\right)\right]\left(\frac{h}{3}\right)^{0.3} \tag{4-15}$$

当 $K_{cend(Tap)}<0.45$ 时，$K_{cend}=K_{cend(Tap)}$。

式中，u_2——该生育阶段内 2m 高出的日平均风速，m/s；

RH_{min}——该生育阶段内日最低相对湿度的平均值，%；

H——该作物阶段内作物平均高度，m。

（2）初始生长期作物系数计算。当 $t_w\leqslant t_1$，

$$K_{cini}=\frac{E_{s0}}{ET_0}=1.15 \tag{4-16}$$

当 $t_w > t_1$，

$$K_{\text{cini}} = \frac{\text{TEW} - (\text{TEW} - \text{REW}) \exp \dfrac{-(t_w - t_1) E_{s0} \left(1 + \dfrac{\text{TEW}}{\text{TEW} - \text{REW}}\right)}{\text{TEW}}}{t_w \text{ET}_0} \quad (4\text{-}17)$$

式中，REW——在大气蒸发力控制阶段蒸发的水量，mm；

TEW——一次降水或灌溉后总计蒸发水量，mm；

E_{s0}——潜在蒸发率，mm/d；

t_w——灌溉或降水的平均间隔天数，d；

t_1——大气蒸发力控制阶段的天数（t_1=REW/E_{s0}），d。

TEW 和 REW 的计算式如下：

$$\text{TEW} = \begin{cases} Z_e(\theta_{FC} - 0.5\theta_{WP}) & \text{ET}_0 \geqslant 5\text{mm/d} \\ Z_e(\theta_{FC} - 0.5\theta_{WP})\sqrt{\dfrac{\text{ET}_0}{5}} & \text{ET}_0 < 5\text{mm/d} \end{cases} \quad (4\text{-}18)$$

$$\text{REW} = \begin{cases} 20 - 0.15\text{Sa} & \text{Sa} > 80\% \text{的土壤} \\ 11 - 0.06\text{Cl} & \text{Cl} > 50\% \text{的土壤} \\ 8 + 0.0.08\text{Cl} & \text{Sa} < 50\% \text{的土壤} \end{cases} \quad (4\text{-}19)$$

式中，Ze——土壤蒸发层深度，通常为 100～150mm；

θ_{FC}、θ_{WP}——分别为土壤的田间持水量和凋萎点含水率；

Sa、Cl——分别为蒸发层土壤中的砂粒含量和黏粒含量。

4.3.2　FAO-56 双作物系数法

双作物系数是将作物系数分为两个系数，一个表征作物蒸腾，称为基础作物系数 K_{cb}；另一个表征土壤表面蒸发，称为土壤蒸发系数 K_e。作物系数表示为 $K_c=K_{cb}+K_e$。

（1）基础作物系数 K_{cb} 计算。FAO-56 给出了作物生长在半湿润气候区（RH_{min}≈45%，u_2≈2m/s）、无水分胁迫、管理水平高条件下的 K_{cb} 值。燕麦的推荐基础作物系数为：$K_{cbini\,(Tap)}$=0.15、$K_{cbmid\,(Tap)}$=1.10、$K_{cbend\,(Tap)}$=0.15。

对于非标准状态下的作物系数，FAO-56 给出了修正公式：

$$K_{cb}=K_{cb(Tap)}+\left[0.04\left(u_2-2\right)-0.004\left(RH_{min}-45\right)\right]\left(\frac{h}{3}\right)^{0.3} \quad (4\text{-}20)$$

（2）土壤蒸发系数 K_e 计算。土壤蒸发系数 K_e 用来描述 ET_c 中的土壤蒸发部分，当土壤表面由于降水或灌溉较湿润时，K_e 值达到最大；当土壤表面干燥时，由于土壤表面没有可用于蒸发的水分，K_e 值很小甚至为零。K_e 计算式如下：

$$K_e=K_r\left(K_{cmax}-K_{cb}\right)\leqslant f_{ew}K_{cmax} \quad (4\text{-}21)$$

式中，K_e——基础作物系数；

K_{cmax}——降水或灌溉后 K_e 的最大值；

K_r——土壤蒸发累计深度的蒸发减小系数；

f_{ew}——裸露和湿润土壤的比值。

K_e 的计算为一个反复迭代的过程，本书采用 excel 软件进行计算，式中其他参数的确定方法可见相关参考文献。

4.3.3 田间试验验证

田间试验是确定作物需水量的最佳方法，本书根据当雄县试验小区含水率数据，运用水量平衡方法计算不同时段内作物的实际腾发量来对作物系数法所求的作物需水量进行验证。通过采集 2011 年和 2012 年的气象数据以及充分灌溉条件下燕麦土壤含水率数据，按照 FAO-56 推荐的单作物系数法和双作物系数法对西藏高寒牧区燕麦作物系数进行推求，并求得对应的 ET_c。计算结果如图 4-7、图 4-8 所示。

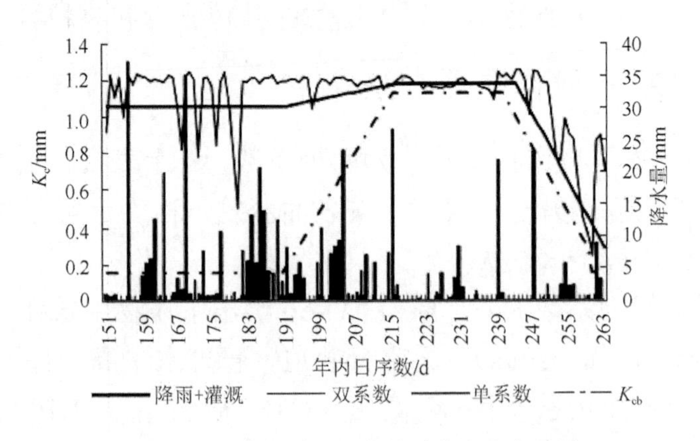

图 4-7　2011 年单、双作物系数和降水量图

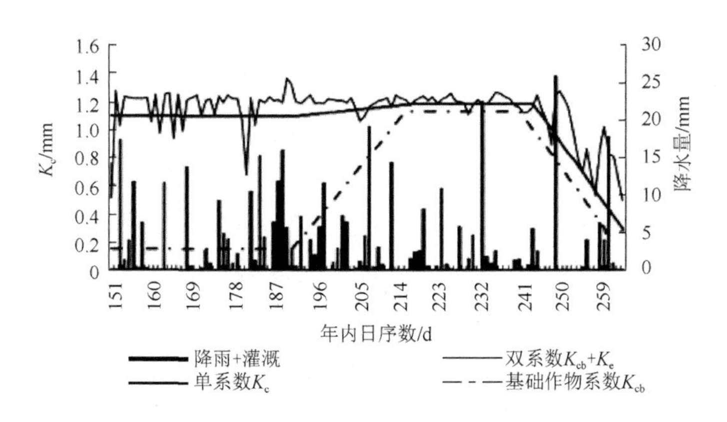

图 4-8　2012 年单、双作物系数和降水量图

基于 2011 年试验数据，由单系数法计算求得西藏高寒牧区燕麦作物系数为 K_{cini}=1.06，K_{cmid}=1.18，K_{cend}=0.28；基于 2012 年试验数据，求得作物系数为 K_{cini}=1.09，K_{cmid}=1.17，K_{cend}=0.28。从两年的数据来看，初始生长期作物系数略有差别，生育中期和生育后期基本一致。究其原因，主要是初始生长期灌溉和降水的频率所致。

双作物系数由 K_{cb} 和 K_e 构成，分别表征作物蒸腾和土面蒸发。基于 2011 年试验数据，求得基础作物系数为 K_{cbini}=0.15，K_{cbmid}=1.13，K_{cbend}=0.25；基于 2012 年试验数据，求得基础作物系数为 K_{cbini}=0.15，K_{cbmid}=1.12，K_{cbend}=0.25。由图 4-8 可以看出，初始生长期，K_{cb} 较小，K_c 值的主要构成为土面蒸发。从生长发育期开始直到生育中期结束，作物蒸腾所占的比例逐渐增大，直到生育中期到最大，同时由于该时期作物覆盖度不断增加，导致土面蒸发占腾发量比重减小。进入生育后期，作物生长停滞并开始出现老化，整体需水量开始下降，表现为 ET_c 和 K_c 的同时下降。

其中，K_{cb} 的变化主要由作物的生长变化导致，所以各生育阶段变化比较稳定也比较规律；而 K_e 的变化由图 4-8 可以看出，跟降水和灌溉有密切关系，降水和灌溉后土壤表面湿润，水分极易蒸发，表现为 K_e 的突然增大。

图 4-9、图 4-10 为运用单、双作物系数法计算求得的燕麦逐日 ET_c 和田间分阶段实测的 ET_c。连续两年 ET_c 计算结果可以看出，该地区燕麦在充分灌溉条件下，腾发量波动范围存在偏差，但大致趋势基本一致，

因此初步认定，在西藏高寒区应用 FAO-56 推荐的作物系数可满足规划设计的基本要求，如果需要精度较高的需耗水量研究或制订较为准确的灌溉制度，FAO-56 推荐的作物系数仍需进一步校核。

ET_c在初始生长期波动较大，而且极大值点均出现在该生育期。通过分析发现，在作物初始生长期，该地区风速大，日照时数长，尤其在 6 月中上旬多为晴好天气，因此该时段 ET_0较大，加之灌溉后土壤表面湿润，导致该时段土壤蒸发系数较大，最终使该时期出现腾发量极值。生长发育期和生育中期，西藏进入雨季，两年的 ET_c均表现比较稳定，其值多在 3～6 波动。在生育末期，该地区雨季结束，同时灌溉减少，腾发量呈下降趋势。

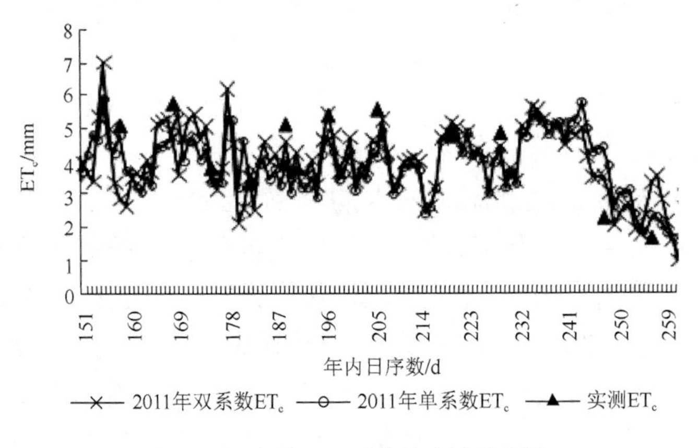

图 4-9　2011 年单、双系数法计算及实测 ET_c

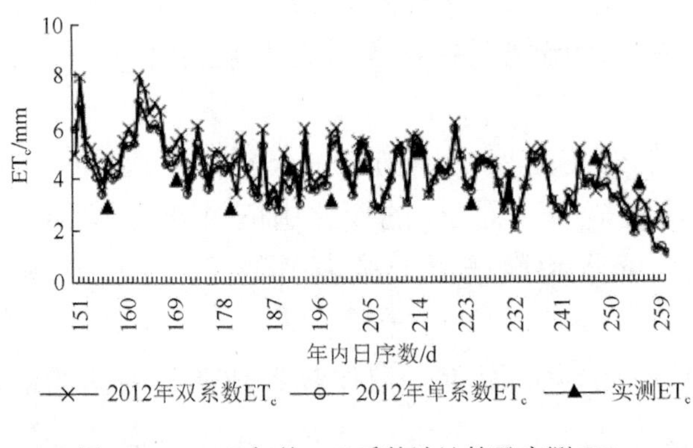

图 4-10　2012 年单、双系数法计算及实测 ET_c

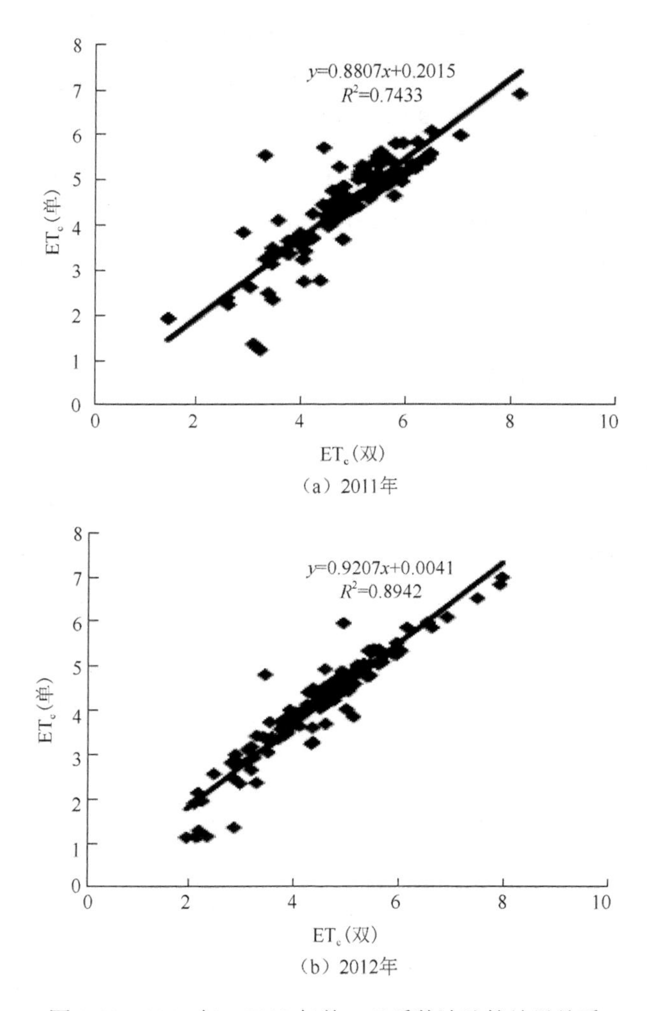

（a）2011年

（b）2012年

图 4-11　2011 年、2012 年单、双系数法计算结果关系

图 4-11 对单作物系数法和双作物系数所求作物需水量计算结果进行相关性分析，2011 年的两种方法相关系数为 0.7433，2012 年的相关系数为 0.8942，两种方法的计算结果比较接近。

4.4 小　　结

综合本章研究结果，可得如下研究结论。

（1）高寒牧区燕麦全生育期需水量为 485mm，需水强度在 3～5mm/d 变动；其中抽雄期需水量、需水模数最大，需水量为 127mm；需水模数为 26.14%；青稞的全生育期需水量为 445mm，其中灌浆期需水量最大，为 128mm；需水强度在 3～8mm/d 变动，在抽雄期最大；需水模数以灌浆期为最大，占全生育期的 28.70%。

（2）在高寒牧区，燕麦生长的各生育阶段发生水分胁迫均会造成一定幅度的减产。燕麦在不进行灌溉的 Y6 处理减产率最高，达到 68.02%；中等水分处理（Y2）减产率最小，为 10.5%；同样造成严重减产的是播种～苗期连旱处理（Y3），减产率为 63.83%；抽雄期干旱处理（Y4）减产率为 26.4%；灌浆期干旱处理（Y5）减产率为 17.8%。可见播种～苗期缺水造成燕麦大幅减产，该阶段是当地燕麦灌水关键期。青稞在自然状态下相比充分灌溉减产率最高，达到 67.12%；中等水分条件下减产率为 3.30%；出苗前干旱减产率为 44.46%；抽雄期干旱减产率为 12.50%；灌浆期干旱减产率为 28.72%；抽雄期和灌浆期连旱减产率为 36.32%。可见出苗前缺水造成青稞大幅减产，该阶段是当地青稞灌水关键期。

（3）根据水量平衡法计算结果，农区燕麦全生育期需水量为 515mm，其中拔节期需水量最大，为 147mm；全生育期需水强度在 1.5～5.8mm/d 变动，在拔节期最大；需水模数以拔节期、抽雄期较大，两个生育期占全生育期的 60%以上。同品种燕麦需水量在农区明显高于高寒牧区，直观反映在牧草生长发育上为：农区燕麦亩产干草量更大，单体植株更高（农区燕麦平均可长至 170cm；牧区燕麦只有 120cm），这与农区作物生长季的平均气温与降水均高于牧区有直接关系。

（4）农区燕麦只进行播前灌溉的 Y5 处理减产量（与充分灌溉的 Y1 处理对比）最高，达到 174kg，减产率为 29.4%；苗期水分胁迫的 Y2 处理减产量最小，只有不到 2kg，减产率只有 0.3%，几乎可以忽略；拔节期水分胁迫处理（Y3）、抽雄期水分胁迫处理（Y4）减产量升高，为 43kg 和 122kg，减产率分别为 7.3%与 20.1%，可见拔节期、抽雄期为农区燕麦灌水关键期。苗期缺水处理（Y2）、苗期～拔节期连旱处理（Y3）水分生产率高于无水分胁迫的 Y1 处理，分别为 $1.86kg/m^3$、$1.87kg/m^3$。

（5）参考相关研究，本书中燕麦需水量与西北牧区燕麦需水量研究结果相比，结果较大。西藏地区土壤层较薄，耕作层平均只有 30cm，下面多为细沙（河滩地开发为耕地）或岩层（原始草原翻垦）。因此，浅层土壤极易接受太阳热能，土中水分为易蒸发水。另外，该地区降水多为夜雨、小雨，且降水补给频繁，而白天太阳辐射较强，形成夜晚降水白天蒸发的一种常态，也是造成土壤水蒸发量大的一个原因。综上所述，该地区燕麦需水量比其他地区燕麦需水量偏大的结果是符合当地实际情况，也是西藏高海拔牧区作物需水量的特殊性所在。

（6）西藏高寒区应用 FAO-56 推荐的作物系数及其计算公式可满足规划设计的基本要求，如果需要精度较高的需耗水量研究或制订较为准确的灌溉制度，FAO-56 推荐的作物系数及计算参数仍需进一步校核。

第5章　西藏典型饲草作物地面灌溉关键技术参数研究

5.1　典型高寒牧区燕麦优化灌溉制度

西藏牧区水资源相对丰富，现状水资源供需矛盾虽并不突出，实际灌溉多采取大水漫灌 1～2 次，实质仍是一种不合理的非充分灌溉。针对水资源日益宝贵的现实和高效节水灌溉技术的发展需求，非灌溉制度的制订对西藏人工牧草灌溉具有重大现实意义。

5.1.1　研究方法

ISAREG 模型是葡萄牙里斯本技术大学农学院开发的灌溉模型，目前被国内外学者广泛认可。本章以燕麦充分灌溉（Y1、Q1）为研究对象，结合西藏当雄县田间灌溉试验，在验证模型和参数率定的基础上选出适合当地条件的非充分优化灌溉制度。

1．模型的原理

ISAREG 模型具有概念明确、模拟精度高、易于操作且功能多的特点。对评价现有灌溉制度，制订优化灌溉制度有指导作用。主要功能包括：①对土壤含水率进行模拟；②对作物需水量进行计算；③通过对多种灌溉方案进行模拟对比，从中优选出符合实际情况的最佳方案。

与其他模型相比，该模型有以下特点：①考虑了作物不同生育期根系发育对计划湿润深度的影响；②考虑了多层土壤土质的变化情况；③考虑了不同深度地下水位的影响；④考虑了作物受到水分胁迫时土壤水力特性的影响。

ISAREG 模型以水量平衡原理为基础，采用的水量平衡方程为

$$\theta_i = \theta_{i-1} + \frac{P_i + I_{ni} - \mathrm{ET}_{ai} - \mathrm{D}_{pi} + \mathrm{GW}_i}{1000 Z_{ri}} \tag{5-1}$$

式中，θ_i、θ_{i-1}——第 i、i-1 天根系层的土壤含水率，%；

P_i——第 i 天的降水量，mm；

I_{ni}——第 i 天的净灌水量，mm；

ET_{ai}——第 i 天的作物实际腾发量，mm；

D_{pi}——第 i 天的深层渗漏量，mm；

GW_i——第 i 天的地下水补给量，mm；

Z_{ri}——第 i 天的根系层深度，m。

模型可以分别设置“天”“旬”和“月”为时间步长进行模拟。

2．模型的数据结构

ISAREG 模型的主要输入数据分为 7 类：

（1）气象数据。包括有效降水量（P_e）、参考作物腾发量（ET_0）、最高气温（T_{max}）、最低气温（T_{min}）、最高相对湿度（RH_{max}）、最低相对湿度（RH_{min}）、太阳辐射（R_a）、日照时数（h）和风速（s）等。

（2）作物数据。包括作物类型、作物生育期、计划湿润层深度、有效水可利用系数（p）、作物系数（K_c）、产量反应系数（K_y）等。

（3）土壤数据。包括土壤类型、每层的土壤深度（d）、土壤总有效贮水率（TAW%）、田间持水量（FC%）、凋萎点（WP%）等。

（4）地下水数据。包括地下水补给量（GW）和深层渗漏量（DP）。

（5）灌溉数据。根据不同的模拟类型输入初始土壤储水率、灌水日期、灌水定额和灌水达到的土壤含水率范围以及各种灌水的各种约束条件等。

（6）供水数据。包括各生育阶段的最小灌水时间间隔和可供水量等。

（7）验证数据。主要为实测田间含水率。

模型的输出数据根据模拟输入选项的差异有不同的输出结果。主要包括：灌溉定额、灌水定额、灌水时间、灌水次数、深层渗漏量、水分生产率、最大腾发量、实际腾发量、水分胁迫时的减产率、盐分胁迫时的减产率、模拟含水率与田间实测数据的对比等。

ISAREG 模型的数据输入和结果输出结构见图 5-1。

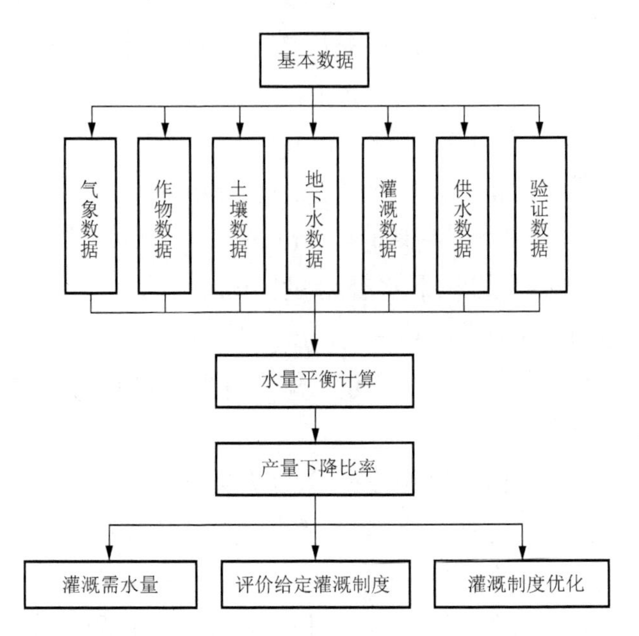

图 5-1　ISAREG 模型输入输出数据框图

3. 模型参数的计算

（1）气象数据。ISAREG 模型需要的气象数据包括参考作物腾发量（ET_0）、降水资料、风速资料和最小湿度。其中，参考作物腾发量（ET_0）是 ISAREG 模型中的重要参数，该模型包含了计算 ET_0 的模块，因此，既可以运用外部模型计算 ET_0 后直接将结果输入模型，也可以通过 ISAREG 模型中的 ET_0 计算模块直接计算。本书采用 Penman-Monteith 法根据实测数据计算了 2012 年 5 月 30 日至该年 9 月 20 日逐日 ET_0，结果见图 5-2。

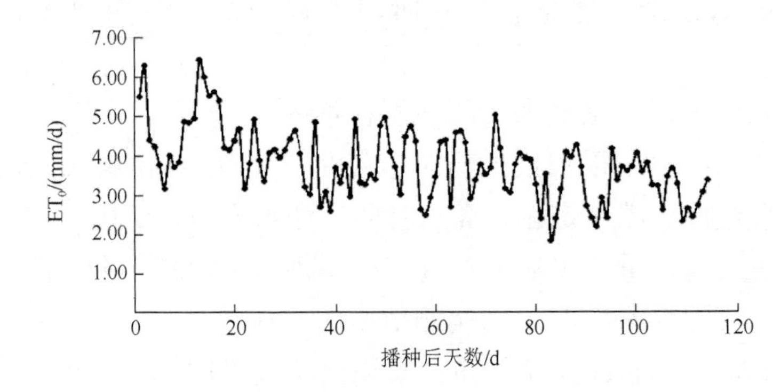

图 5-2　2012 年燕麦生育期内 ET_0 计算结果

（2）作物数据。

① 易吸收水可利用系数 p。有效水可利用系数 p 表示土壤实效含水量与总有效含水量的比值，计算公式为

$$p=\mathrm{RAW}/\mathrm{TAW} \tag{5-2}$$

式中，p——易吸收水可利用系数；

RAW——根系层易被吸收的有效水量，%，即作物在没有发生水分胁迫现象之前从根系层中吸收的总有效水量的那一部分水量；

TAW——根系层总有效含水量，%，即田间持水量与凋萎含水量的差：

$$\mathrm{TAW}=1000（\theta_{FC}-\theta_{WP}）Z_r \tag{5-3}$$

其中，θ_{FC}——田间持水率，%，；

θ_{WP}——凋萎点含水率，%；

Z_r——根系层深度，m。

从理论上讲，作物能够利用的有效水范围在凋萎点到土壤田间持水量之间。当土壤较湿润时，土壤中易于被作物利用的重力水和毛管水所占比例较大，能够充分满足作物蒸腾需水。随着土壤含水率的降低，土壤吸力不断增大，虽然该时期土壤水分承受的土壤吸力小于作物的吸水力，但由于其移动缓慢，作物吸收这部分水不足以维持蒸腾的消耗，此时就会发生植物水分胁迫现象。有效水可利用系数 p 反映由土壤的持水能力和作物的吸水能力，不同作物 p 值不同，同一作物不同土壤不同生育阶段 p 值也会发生变化变化，最终反映的是大气的蒸发能力。FAO-56 给出了多种作物在需水量 $\mathrm{ET_c}\approx 5\mathrm{mm}$ 的条件下，最大根系有效深度范围内无水分胁迫时的 p 值，同时给出了对于其他条件下的 p 值的修正公式，p 的修正式为

$$p = p_{推荐} + 0.04(5-\mathrm{ET_c}) \tag{5-4}$$

式中，$p_{推荐}$——FAO-56 中易吸收水可利用系数的推荐值；

$\mathrm{ET_c}$——时段内作物实际腾发量，mm/d。

当气候干燥时，$\mathrm{ET_c}$ 较大，p 值较小，并在土壤相对湿润的情况下出现水分胁迫；当气候湿润时，$\mathrm{ET_c}$ 较小，p 值较小。

② 作物系数 K_c。作物系数是基于作物腾发量 $\mathrm{ET_c}$ 和参照腾发量 $\mathrm{ET_0}$ 的比值，其整合了区别实际作物与参考作物的各种特性影响。作物系数

与作物种类、品种、生育期、作物的生育阶段等因素有关，反映了作物本身的生物学特性、作物种类、产量水平、土壤水肥状况以及田间管理水平等对农田蒸发蒸腾量的影响。

本书已经对高寒牧区作物系数的适用性进行了证明，由此本节运用 FAO-56 推荐方法详细计算了西藏高寒牧区燕麦作物系数，所求结果为 K_{cini}=1.09，K_{cmid}=1.17，K_{cend}=0.28。

③ 产量反应系数 K_y。单一作物的产量反应系数 K_y 采用如下公式：

$$K_y=\left(1-Y_a/Y_m\right)/\left(1-\mathrm{ET_a}/\mathrm{ET_m}\right) \tag{5-5}$$

式中，Y_a——作物实际产量，kg/hm^2；

Y_m——作物最大产量，kg/hm^2；

$\mathrm{ET_a}$——作物实际腾发量，mm；

$\mathrm{ET_m}$——作物最大腾发量，mm；

K_y——FAO 推荐值，本研究产量反应系数取 1.05。

（3）土壤数据。土壤数据包括每层的土壤深度（d）、土壤类型、土壤级配构成、总有效含水量（TAW）、田间持水量（FC）、凋萎点含水率（WP）、表层易蒸发水（REW）、大气可蒸发的最大水深（TEW）等。根据作物自身数据的种类（表 5-1）可以选定 3 种不同的形式进行数据输入，根据当地试验结果，本书选用方案 3。

表 5-1　不同方案土壤数据输入选项

方案类型	方案设置输入数据选项
方案 1	每层的土壤深度（d）、土壤类型、TAW、REW、TEW
方案 2	每层的土壤深度（d）、土壤类型、FC、WP、REW、TEW
方案 3	每层的土壤深度（d）、土壤类型、FC、WP、黏粒含量、沙粒含量

（4）地下水数据。地下水数据包括地下水补给量（GW）和深层渗漏量（DP）。地下水补给是由于上下层土壤含水率的变化导致土壤吸力发生变化，下层土壤水通过土壤毛细管向上运动水量称为地下水补给量（GW），上层土壤水向下层运动的水量称为深层渗漏量（DP）。模型需要输入的地下水数据包括地下水埋深、根系层深度、叶面积指数、腾发量和对应的测定日期。根据观测，当雄县试验区在牧草生育期内地下水位大于 28m，因此本研究忽略地下水的影响。

（5）灌溉数据。由表 5-1 及表 5-2 分析可得，初始土壤含水率、灌水日期、灌溉定额和灌水上下限以及各种灌溉约束条件等，由此可进行不同方案灌溉制度模拟；综合当地作物、水利设施、气候条件、劳动力情况等因素，根据不同的灌溉管理决策目标选择如下几种类型的约束条件：①产量最大为目标；②设定不同生育期的亏缺比率和灌水上下限；③设定不同的灌水日期和灌水定额。

表 5-2　实测土壤数据

项目	深度/cm	FC/%	WP/%	土壤容重/（g/cm^3）	沙粒含量/%	黏粒含量/%
参数	30	23	6	1.44	79.3	5.05

其中第 1 种约束条件只需输入播种前的土壤总有效含水量（TAW）；第 3 种约束条件需要输入数据包括播种前的土壤总有效含水量（TAW）以及计划进行的灌水日期和灌水定额等。对于第 2 约束条件，需要输入的数据包括播种前的土壤总有效含水量 TAW，不同生育期的实际腾发量 ET_a 和最大腾发量 ET_m 的比率、总有效含水量 TAW 的亏缺比率、有效水可利用系数 p，以及计划进行的灌水定额。灌水定额设置方式既可以用占土壤总有效含水量 TAW 的百分率表示，也可以直接输入固定的灌水深度，同时还可以按照田间持水率的百分率进行设定。

（6）净灌水量数据。水量数据的设置方式 2 种，包括控制最小灌水时间间隔和控制可供水量，根据当地实际情况，本书选用第二种方案。

（7）数据的验证。验证的目的是为了率定模型相关参数的准确性。ISAREG 模型的参数率定主要是通过实测含水率与模拟土壤含水率数据进行对比，以验证模拟的准确性。需要率定的参数主要包括有效水可利用系数、根系层深度、作物各生育阶段作物系数和产量反应系数等。

5.1.2　模型参数计算与验证

本书模型相关参数的验证采用 2012 年西藏当雄县试验区燕麦充分灌溉条件下（Y1）所测的实际含水率数据。首先将气象、作物、土壤、地下水、灌溉等各方面数据输入模型界面，然后将模拟得出的含水率曲线与田间实测的含水率进行对比，率定得出符合实际情况的有效水可利用系数、根系层深度、作物各生育阶段作物系数和产量反应系数等参数。燕麦（Y1）的实际灌水日期、灌水次数、灌水定额和灌溉定额见表 5-3。

表 5-3　燕麦充分灌溉处理（Y1）实际灌溉制度

灌水次数	灌水日期	灌水定额/mm	灌溉定额/mm
1	6.10	42	158.1
2	7.1	33.3	
3	8.19	42	
4	9.05	42	

图 5-3 为根系层含水率模拟输出结果和实测值对照，吻合程度用平均误差 RE 和平均相对误差 MRE 来评定。

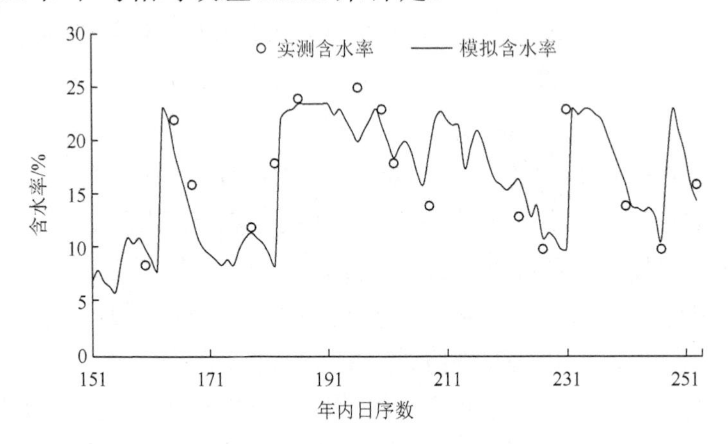

图 5-3　燕麦实测含水率和模拟结果对照

$$\mathrm{RE}=\frac{P_i-O_i}{O_i}\times 100\% \tag{5-6}$$

$$\mathrm{MRE}=\frac{1}{N}\sum_{i=1}^{N}\mathrm{RE}_i \tag{5-7}$$

式中，N——观测值的个数；

O_i——第 i 个观测值；

P_i——相应第 i 个观测值的模拟值。

相对误差均在 10%以内并且平均误差在 5.0%以下时，可以采用该模型的各项参数对作物灌溉制度进行评价和优化。通过对 2012 年燕麦充分灌溉条件下的土壤含水率动态模拟结果与实测值的对比，相对误差为 5.7%（10%以内）并且平均误差为 3.51%（5.0%以下），结果证明试验处理选用的模型和确定的参数均达到较令人满意的精度，可用这一模型和这些参数评价现行灌溉制度，制订优化灌溉制度，指导牧草灌水管理。

5.1.3　现有灌溉制度评价

模型输出结果包括净灌水量、渗漏量、灌溉水分利用效率、实际腾发量与最大腾发量的比值和产量下降率等，详见表 5-4 和图 5-4。根据模拟，可以看出现有充分灌溉条件下，产生 11mm 灌溉渗漏量，灌溉水利用效率为 92.94%，从水分利用效率的角度，该灌溉制度非最优化灌溉制度。进一步分析表明，在 7 月份中下旬实施灌溉将发生水分渗漏现象，8 月份是作物需水旺盛期，没有灌溉将导致作物产量的下降。因此，对灌溉制度优化可考虑对作物生长初期 6 月份进行有效灌溉，7 月份不实施灌溉，充分利用降水能够满足作物的需水需求，8 月中旬前后开始对作物生长中后期开展有效的灌溉，能够提高作物的水分利用效率，使作物达到高产。

表 5-4　燕麦充分灌溉灌溉制度评价

项目	净灌水量/mm	渗漏量/mm	灌溉水分利用效率/%	（ET_a/ET_m）/mm	产量下降/%
参数	158	11	92.94	0.87	13.7

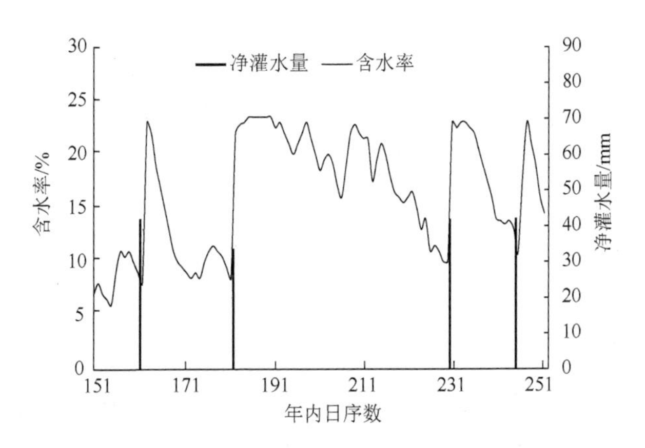

图 5-4　ISAREG 模型实际灌溉制度输出结果图

5.1.4 高寒牧区燕麦灌溉制度优化

1. 灌溉制度方案设计

灌溉制度优化的目的是为了得出更加合理的灌溉制度和为田间灌溉管理决策提供更加翔实的依据，本书采用 2012 年的气象、作物、土壤数据，充分考虑西藏牧区水利基础设施薄弱和劳动力短缺等现状，同时参考当地的降水资料和丰产经验，设计出十种非充分灌溉方案进行优化模拟（表 5-5）。

表 5-5 燕麦灌溉制度优化方案

方案类型	灌水日期	灌水次数	灌水定额
方案一	优化	优化	OTY 至 TAW
方案二	优化	优化	90%OTY
方案三	优化	优化	85%OYT 至 90%TAW
方案四	6/1	一次	40mm
方案五	6/12	一次	46mm
方案六	6/18	一次	46mm
方案七	8/14	一次	40mm
方案八	6/1、6/15	两次	36mm、40mm
方案九	6/12、8/28	两次	46mm、40mm
方案十	6/1、6/15、8/28	三次	36mm、40mm、40mm

方案一：以产量最大化为目标。当根系层土壤含水率下降至适宜含水率下限时进行灌溉，净灌水量为补充根系层土壤水分至田间持水量所需水量。

方案二：当根系层土壤平均含水率下降至适宜含水率下限时进行灌溉，净灌水量为补充根系层土壤水分至有效含水率的 90%所需要的水量。

方案三：当根系层土壤平均含水率下降至适宜含水率下限的 85%时进行灌溉，净灌水量为补充根系层土壤水分至有效含水率的 90%所需要的水量。

方案四：以灌水次数最少为目标。全生育期仅进行一次灌溉，灌溉日期选择在方案一中优化得出的第一次灌水时间。净灌水量为 40mm。

方案五：以灌水次数最少为目标。全生育期仅进行一次灌溉，灌溉日期选择在方案一中优化得出的第二次灌水时间。净灌水量为 46mm。

方案六：以灌水次数最少为目标。全生育期仅进行一次灌溉，灌溉日期选择在方案一中优化得出的第三次灌水时间。净灌水量为 46mm。

方案七：以灌水次数最少为目标。全生育期仅进行一次灌溉，灌溉日期选择在方案一中优化得出的第四次灌水时间。净灌水量为 40mm。

方案八：以灌水次数尽量少为目标。全生育期仅进行两次灌溉，两次灌溉的日期均选择在雨季来临前。净灌水量分别为 36mm 和 40mm。

方案九：以灌水次数尽量少为目标。全生育期仅进行两次灌溉，两次灌溉的日期分别选择在雨季来临前和八月下旬。净灌水量分别为 40mm 和 46mm。

方案十：以灌水次数尽量少为目标。全生育期仅进行三次灌溉，两次灌溉的日期分别选择在雨季来临前和八月下旬。净灌水量分别为 36mm、40mm 和 46mm。

2．灌溉制度优化结果及评价

表 5-6 为十种设计灌溉制度模拟结果。方案一全生育期需灌五次水，全生育期未受水分胁迫，无受旱减产。该方案可在水资源和其他灌溉条件允许的情况下选用。方案二全生育期需灌五次水，与方案一相比，每次净灌水量均减少，总净灌水量减少 16%，产量仅减少 0.7%。因此该方案较方案一更优。方案三同样需要灌五次水，与方案二相比，总净灌水量有所增加，产量下降率跟方案二相同，因此方案三不如方案二。方案四～方案七考虑到当地水利基础设施较差，劳动力短缺，以最少的灌水次数获取最大的生产效益。在方案一的基础上分别选择四个时间节点进行模拟。从模拟结果可以看出，方案五减产率最小，也就是说，如果仅能满足一次灌水条件，应选择在六月中旬灌溉。方案八和方案九是以两次灌溉为模拟条件，即在灌溉条件满足两次的情况下应该选择的灌水日期和净灌水量。方案八是将两次灌溉都安排在当地雨季（7 月上旬到八月中旬）前，而方案九分别将两次灌水放在雨季前后。从模拟结果看，方案九的减产率较方案八更少。因此，如果灌两次水，方案九更好。方案十对三次灌溉的灌溉设计进行模拟，在灌水时间的选择上充分参考了前九种方案。从模拟结果看出，方案十灌水次数较方案一少两次，总净灌水量减少 31%，而产量因水分胁迫减少 6.8%。因此，如能满足三次灌溉，方案十是较理想的非充分灌溉制度。

表 5-6　燕麦灌溉制度优化方案输出结果

方案类型	灌水定额/mm（灌水日期）					灌溉定额/mm	渗漏量/mm	水分利用效率/%	ET_a/mm	产量下降率/%
	1	2	3	4	5					
方案一	35.7（6/1）	33.2（6/12）	33.2（6/19）	33.2（8/14）	33.2（9/4）	168	0	100	441	0
方案二	28.3（6/1）	28.1（6/13）	28.3（6/18）	28.2（8/14）	28.1（9/4）	141	0	100	439	0.7
方案三	31.1（6/1）	31.1（6/12）	30.9（6/18）	30.9（8/16）	30.9（9/4）	155	0	100	439	0.7
方案四	40（6/1）	—	—	—	—	40	0	100	337	24.8
方案五	46（6/12）	—	—	—	—	46	0	100	347	22.4
方案六	46（6/18）	—	—	—	—	46	0	100	344	23.2
方案七	40（8/14）	—	—	—	—	40	3.18	92.04	332	26
方案八	35.7（6/1）	40（6/15）	—	—	—	76	0	100	377	15.4
方案九	46（6/12）	40（8/28）	—	—	—	86	0	100	383	13.8
方案十	35.7（6/1）	40（6/15）	40（8/28）	—	—	116	0	100	413	6.8

5.2　典型农区燕麦优化灌溉制度

5.2.1　研究方法

1．CROPWAT 模型

本书基于 CROPWAT 模型对拉萨地区燕麦灌溉制度进行优化。CROPWAT 模型是联合国粮农组织（FAO）在 1991 年开发的模型，其计算依据是联合国粮农组织推荐的 FAO PM 公式以及单、双作物系数法。该模型能较精确地计算腾发量和灌溉需水量，也能够建议如何改进灌溉方法、规划不同供水条件下的灌溉日程、分析非充分灌溉对作物产量的影响。CROPWAT 模型的基本功能包括计算：①参考作物腾发量；②作物实际腾发量；③作物灌溉需水量；④制订灌溉制度；⑤评价非充分灌溉条件下的作物产量。

本书使用的模型版本为 CROPWAT 8.0 for Windows，经模型参数的计算与率定，结合当地的种植方式和灌溉制度，对 2013 年的灌溉制度进行评价，最后确定适合当地的最优灌溉制度。

2．模型的数据输入与输出

CROPWAT 模型要求输入的数据主要分为四大类：

（1）气象数据。气象数据包括最低、最高气温，相对湿度，风速，日照时数，生育阶段降水时间、降水量等。该部分数据来自试验区内的田间气象站。

（2）作物数据。作物数据包括作物系数、作物生育阶段划分、根系深度、产量反应系数（K_y）。

作物生育阶段划分详见表 1-4；根系深度参考表 1-5 计划湿润层深度的划分，产量反应系数 K_y 详见式（5-8）与表 5-7。

表 5-7　燕麦产量反应系数计算结果

处理	Y1	Y2	Y3	Y4	Y5
K_y/（kg/hm^2）	0	0.815	2.784	3.141	2.187

（3）土壤数据。土壤数据包括土壤表层蒸发的最大的总水深度 TEW、初始土壤水分消耗 REW、根系最大深度。依据实测试验地点田

间持水量（25.9%，体积含水率）和“美国土壤质地分类”，判断当地土壤类型为沙壤土，因此定义土壤表层蒸发的最大的总水深度 TEW=19mm，初始土壤水分消耗 REW=9mm；依据拉萨地区实地取根试验，根系最大深度为 30cm。

（4）灌溉数据。灌溉数据详见表 1-6“拉萨市郊试验区净灌溉数据”。

输出结果包括灌溉需水量、给定灌溉制度的评价结果、优化灌溉制度。

CROPWAT 模型输入与输出见图 5-5。

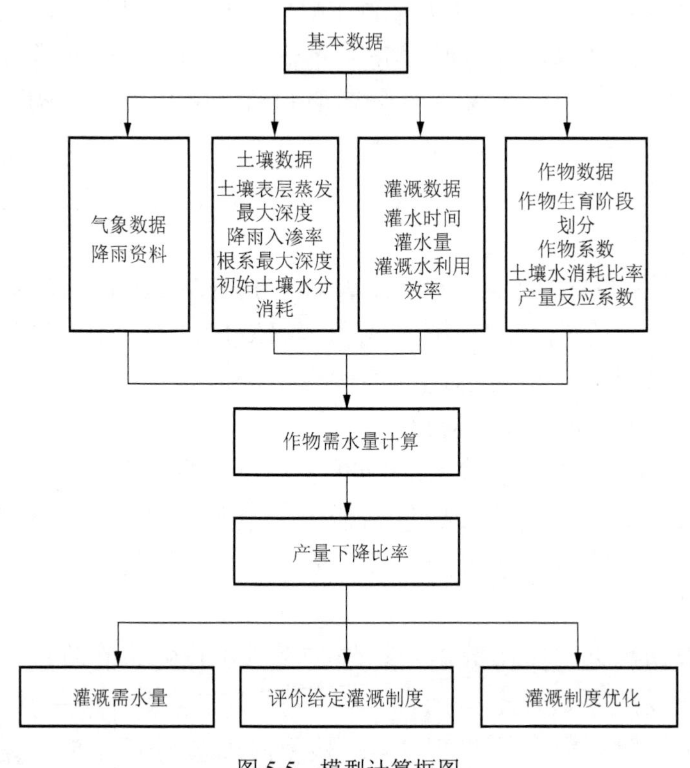

图 5-5　模型计算框图

5.2.2　模型参数计算与验证

1．模型参数计算

产量反应系数 K_y：因为水分亏缺而引起的 ET_c 减少导致的产量降低程度用 K_y 来描述，它的表达式为

$$\left[1-Y_a/Y_m\right]=K_y\left[1-ET_a/ET_m\right] \tag{5-8}$$

式中，Y_a——作物实际产量，kg/hm^2；

Y_m——作物最高产量，kg/hm^2；

ET_a——作物实际腾发量，mm；

ET_m——作物最大腾发量，mm。

计算结果如表 5-7 所示。

2．模型参数的验证

为检验模型参数的可靠性，需对模型参数进行验证。将通过双作物系数法计算得到的腾发量与 CROPWAT 模型模拟得到的腾发量进行对比。如图 5-6 所示，5 个处理的计算结果平均相对误差分别为：1.59%、0.85%、0.2%、1.96%、14.66%，误差控制在 15%以内，甚至其中四个处理的相对误差<2%，达到比较理想的结果，证明取得的数据较为精确可靠。因此，模型参数取值合理，可以用于评价和优化灌溉制度。

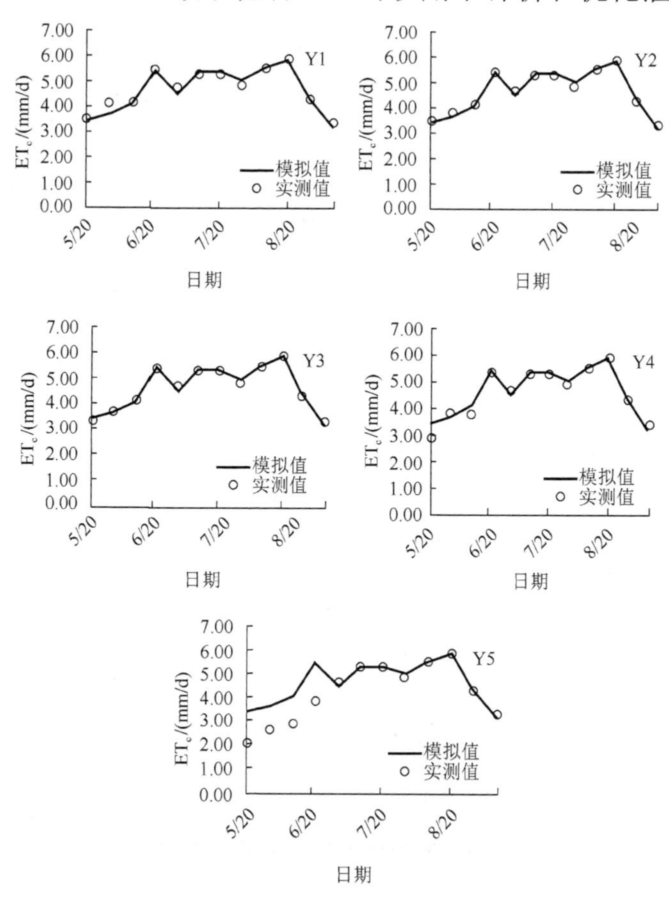

图 5-6　燕麦各处理模拟腾发量与实测腾发量对比

5.2.3　现有灌溉制度评价

本书运用 CROPWAT 模型对 2013 年燕麦进行灌溉制度的评价，模型的输入输出界面如图 5-7 所示。

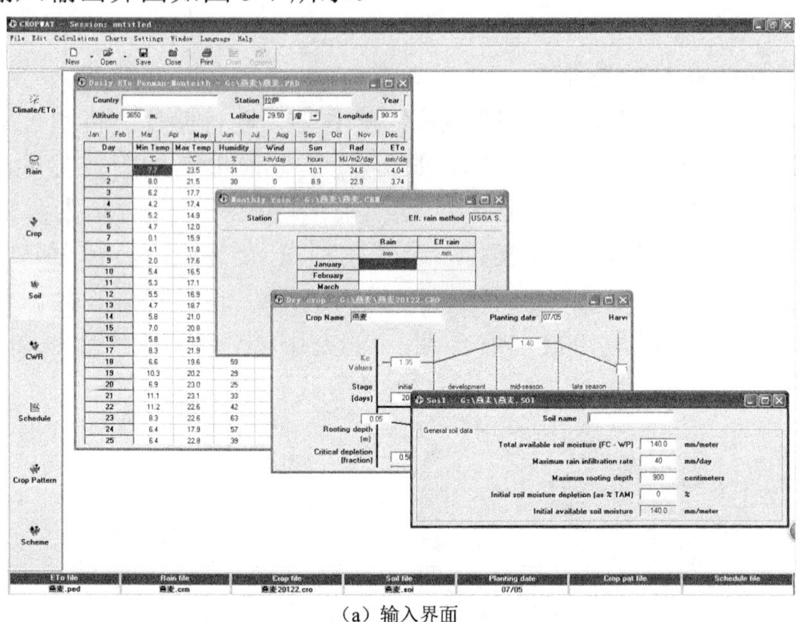

（a）输入界面

（b）输出界面

图 5-7　CROPWAT 模型输入、输出界面

灌溉制度输出结果主要包括净灌水量、灌溉水利用效率、雨水利用效率、实际腾发量、产量下降率等。由表 5-8 分析可知，在同样的灌水效率情况下，产量下降率最大的是 Y5 处理，达到 41.68%，即只有播前灌水，没有后续灌水的处理，所以虽然试验区降水较多，但是适当的灌水对于作物增产还是必要的；Y1 处理产量为 591kg/亩，生育期内净灌水量也最大（141mm）；对比 Y1，产量下降率最小的为苗期不灌溉的 Y2 处理，在灌水减少 29mm 的情况下，产量下降率只有 0.28%；Y3 处理的净灌水量只有 85mm，产量下降率为 7.91%。因此，从减少劳动量与经济指标的角度考虑，Y2、Y3 处理都比较适合在当地应用。

表 5-8　2013 年实际灌溉制度评价表

处理	净灌水量/mm	灌溉水效率/%	雨水利用率/%	产量下降率/%
Y1	141	70	92.2	0
Y2	112	70	91.9	0.28
Y3	85	70	93.3	7.91
Y4	55	70	93.7	26.09
Y5	35	70	99.7	41.68

5.2.4　农区燕麦灌溉制度优化

1．灌溉制度方案设计

灌溉制度方案设计依托 2013 年拉萨试验站点的灌溉试验数据，充分考虑了西藏牧区水利基础设施相对薄弱、劳动力相对不足的现状，同时参考当地的降水资料和丰产经验，设计出以下七种灌溉方案进行优化模拟，详见表 5-9。

方案一：以燕麦产量最大化为目标。当根系层土壤含水率下降至适宜含水率下限时进行灌溉，净灌水量为补充跟系层土壤水分至田间持水量所需水量。

方案二：以灌水次数最少为目标。全生育期仅进行一次灌溉，灌溉日期选择在方案一中优化得出的第一次灌水时间。

方案三：以灌水次数最少为目标。全生育期仅进行一次灌溉，灌溉日期选择在方案一中优化得出的第二次灌水时间。

方案四：以灌水次数最少为目标。全生育期仅进行一次灌溉，灌溉日期选择在方案一中优化得出的第三次灌水时间。

方案五：以灌水次数最少为目标。全生育期仅进行一次灌溉，灌溉日期选择在方案一中优化得出的第四次灌水时间。

方案六：以灌水次数尽量少为目标，全生育期仅进行两次灌溉，两次灌溉的日期均选择在雨季来临前。

方案七：以灌水次数尽量少为目标。全生育期仅进行三次灌溉，三次灌溉的日期分别选择在雨季来临前。

表 5-9　燕麦灌溉制度方案设计

方案类型	灌水时间	灌水次数	灌水定额
方案一	优化	优化	OTY 至 TAW
方案二	给定	1	结合试验优化
方案三	给定	1	结合试验优化
方案四	给定	1	结合试验优化
方案五	给定	1	结合试验优化
方案六	优化	2	结合试验优化
方案七	优化	3	结合试验优化

2. 灌溉制度优化结果与评价

表 5-10 为七种设计灌溉制度的模拟结果。

根据方案一，以产量最大化为目标，燕麦全生育期需灌水四次，全生育期未受水分胁迫，无受旱减产。该方案可在水资源以及灌溉条件允许的情况下选用。

方案二～方案五，以灌水次数最少为优化目标，最少的灌水次数获取最大的生产效益，即产量。在方案一的基础上分别选择四个时间节点进行模拟，从模拟结果可以看出，方案二减产率最小，为 27.4%。也就是说，在实际条件不允许的情况下，如果仅能满足一次灌水条件，应选择在播种前进行灌溉。

方案六是以灌水次数尽量少为优化目标，以两次灌溉为模拟条件，即在灌溉条件满足两次的情况下应该选择的灌水日期和净灌水量。将两次灌溉都安排在当地雨季（拉萨地区雨季在七月上旬～八月下旬）到来之前，此时对比方案一，全生育期内的灌溉定额减少 41.2mm，产量下降率为 8%，该方案适用于劳动力相对短缺、水利基础设施较差的地区。

方案七以灌水次数尽量少为优化目标，对三次灌溉的灌溉设计进行模拟，在灌水时间的选择上充分参考了前五种方案设计。从模拟结果可以看出，方案七灌水次数较方案一少一次，总净灌水量减少 33.2mm，而产量因水分胁迫减少 1.3%。所以，如果能满足三次灌溉，方案七是较理想的非充分灌溉制度，在不浪费劳动力的同时水资源的经济效益达到最大化。

表 5-10　优选灌溉制度可行性验证

方案类型	灌水定额/mm（灌水时间）				灌溉定额/mm	产量下降率/%
	1	2	3	4		
方案一	37.2（A）	35.3（B）	40.2（C）	30.7（D）	143.4	0
方案二	37.2（A）	—	—	—	37.2	27.4
方案三	46（B）	—	—	—	46	64
方案四	47（C）	—	—	—	47	43.7
方案五	47（D）	—	—	—	47	41.1
方案六	37.2（A）	43（D）	—	—	82.2	8
方案七	37.2（A）	43（C）	30（D）	—	110.2	1.3

注：A 为出苗前灌溉；B 为苗期灌溉；C 为拔节期灌溉；D 为抽穗初期灌溉。

5.3　小　　结

综合本章研究，可得如下几点结论。

（1）分析表明，ISAREG 模型适用于高寒牧区燕麦的灌溉制度优化与评价。根据模拟结果，基于不同灌溉目的应选取不同的灌水方案。如仅灌水一次，则适宜在 6 月中旬左右，净灌水量约 46mm，该方案减产率相对最小。如进行两次灌溉，灌水时间分别为 6 月中旬和 8 月下旬，净灌水量分别为 46mm 和 40mm。如需灌溉三次，灌水时间分别为 6 月初、6 月中旬和 8 月下旬，净灌水量分别为 36mm、40mm、40mm。如以产量最大化为目标，则宜分别在六月上中下旬、八月中旬、九月上旬灌水五次，总净灌水量 168mm，在水源及劳动力充足的条件下，此时牧草净收益最大；如实施最优灌溉，灌水时间与产量最大方案相同，总净灌水量共减少 27mm，减产仅 0.7%，该方案在兼顾用水效率的同时，牧草收益相对较大。

（2）CROPWAT 模型适用于农区燕麦灌溉制度的优化与评价。在农区，燕麦全生育期内如果进行一次灌溉，灌水日期应选在播种前，净灌水量为 37.2mm。燕麦全生育期内如果进行两次灌溉，灌水日期应选在作物播种前和抽穗初期（雨季来临之前，拉萨地区雨季在七月上旬至八月下旬），净灌水量分别为 37.2mm 和 43mm；对比充分灌溉，全生育期内的灌溉定额减少 41.2mm，产量下降率为 8%，该方案适用于劳动力相对短缺、水利基础设施较差的地区。如果进行三次灌溉，灌水日期为出苗前、拔节期和抽穗初期，净灌水量分别为 37.2mm、43mm、30mm。结合当地实际，如果能满足三次灌溉，方案七是较理想的非充分灌溉制度，在不浪费劳动力的同时水资源的经济效益达到最大化。如果以产量最大化为目标，则选择方案一进行灌溉，即燕麦全生育期需灌水四次，分别在播种前、苗期、拔节期以及抽穗初期，净灌水量分别为 37mm、35mm、40mm、30mm，全生育期未受水分胁迫，无受旱减产。该方案可在水资源以及灌溉条件允许的情况下选用。

第 6 章　西藏典型饲草作物节水高效稳产技术模式

6.1　西藏地区典型人工牧草种植模式研究

6.1.1　农区饲草燕麦多轮刈割模式

1．研究方法

试验于 2014 年 4 月在拉萨市郊进行。试验采用 4 因素（水、氮、磷、钾）3 水平（高、中、低）正交试验设计，试验共设 9 个试验处理，每个处理均在三个不同的时期对燕麦进行刈割，同时观察燕麦全生育期内产量及生长状况。鉴于 2014 年不同施肥水平产量变化不明显，2015 年施肥水平在 2014 年已有研究成果的基础上做了相应调整，2015 年，中水平、高水平处理增加了施肥量，具体试验设计详见表 6-1、表 6-2。

表 6-1　试验设计表

年份	处理水平	处理因素			
		W（水分控制）/%	N/（kg/亩）	P/（kg/亩）	K/（kg/亩）
2014	高	70	15	10	15
	中	65	7	5	7
	低	60	0	0	0
2015	高	70	25	20	15
	中	65	15	12	7
	低	60	0	0	0

注：（1）表中水分控制数值均为土壤水分下限值，取田间持水率的百分数（%）。（2）表中 N、P、K 肥的施用比例通过尿素、磷酸二铵、氯化钾进行调配。（3）农家肥以 1m^3/亩施入耕作层土壤。（4）P、K 肥全用于底肥，尿素 50%用于底肥，50%用于灌浆期追肥。

表 6-2　正交试验 4 因素 3 水平处理设计表

处理编号	W	N	P	K
W1F1	1	1	1	1
W1F2	1	2	2	2
W1F3	1	3	3	3
W2F1	2	1	1	1
W2F2	2	2	2	2
W2F3	2	3	3	3
W3F1	3	1	1	1

续表

处理编号	W	N	P	K
W3F2	3	2	2	2
W3F3	3	3	3	3

注："1""2""3"分别代表高水平、中水平、低水平；"W""F""N""P""K"分别代表"水分情况""肥力情况""氮肥""磷肥""钾肥"。

试验示范区面积共有 667m^2（1 亩地），每个小区面积大小为 3m×5m=15m^2，每个处理 3 次重复，共 9×3=27 个小区。试验小区之间隔离带宽 1.5m，边界保护区宽 5～6m。试验田旁边配有气象站一个，田间试验小区布置详见试验小区布置图。

2014 年，燕麦每个水肥处理分别在抽雄期、灌浆期、成熟期进行刈割再生试验，实验小区布置图见图 6-1。本试验中，抽雄期刈割时间为 7 月 9 日，灌浆期刈割时间为 7 月 19 日，成熟期刈割时间为 8 月 6 日，每次刈割留苗 15～20cm，最终收获时间为 10 月 9 日。观察记录燕麦全生育期内产量及生长状况。2014 年不同处理燕麦灌水情况如表 6-3 所示。

表 6-3　2014 年试验区燕麦灌水情况（净定额）

处理	灌水	灌水日期与净定额	灌水日期与净定额	灌水日期与净定额	灌水日期与净定额	灌水日期与净定额	总净灌水量/mm
W3 低水燕麦	灌水日期	5 月 15 日		6 月 6 日			54
	净灌水量/mm	27		27			
W2 中水燕麦	灌水日期	5 月 17 日	6 月 2 日	6 月 10 日	6 月 19 日		134
	净灌水量/mm	27	27	40	40		
W1 高水燕麦	灌水日期	5 月 17 日	5 月 30 日	6 月 6 日	6 月 14 日	7 月 9 日	174
	净灌水量/mm	27	27	40	40	40	

2015 年，燕麦每个水肥处理分别在抽雄期、成熟期进行刈割再生试验，实验小区布置图见图 6-2。抽雄期刈割时间为 6 月 30 日，成熟期刈割时间为 8 月 10 日，每次刈割留苗 15～20cm，最终收获时间为 9 月 18 日。观察记录燕麦全生育期内产量及生长状况。2015 年不同处理燕麦灌水情况如表 6-4 所示。

表 6-4　2015 年试验区燕麦灌水情况（净定额）

处理	灌水	灌水日期与净定额	灌水日期与净定额	灌水日期与净定额	灌水日期与净定额	灌水日期与净定额	总净灌水量/mm
W3 低水燕麦	灌水日期	5 月 28 日		6 月 10 日			75
	净灌水量/mm	30		45			
W2 中水燕麦	灌水日期	5 月 26 日	6 月 12 日	7 月 3 日	7 月 20 日		146
	净灌水量/mm	30	30	40	46		
W1 高水燕麦	灌水日期	5 月 25 日	6 月 10 日	7 月 1 日	7 月 17 日	7 月 24 日	202
	净灌水量/mm	30	56	30	56	30	

图 6-1　2014 年灌溉试验小区布置图

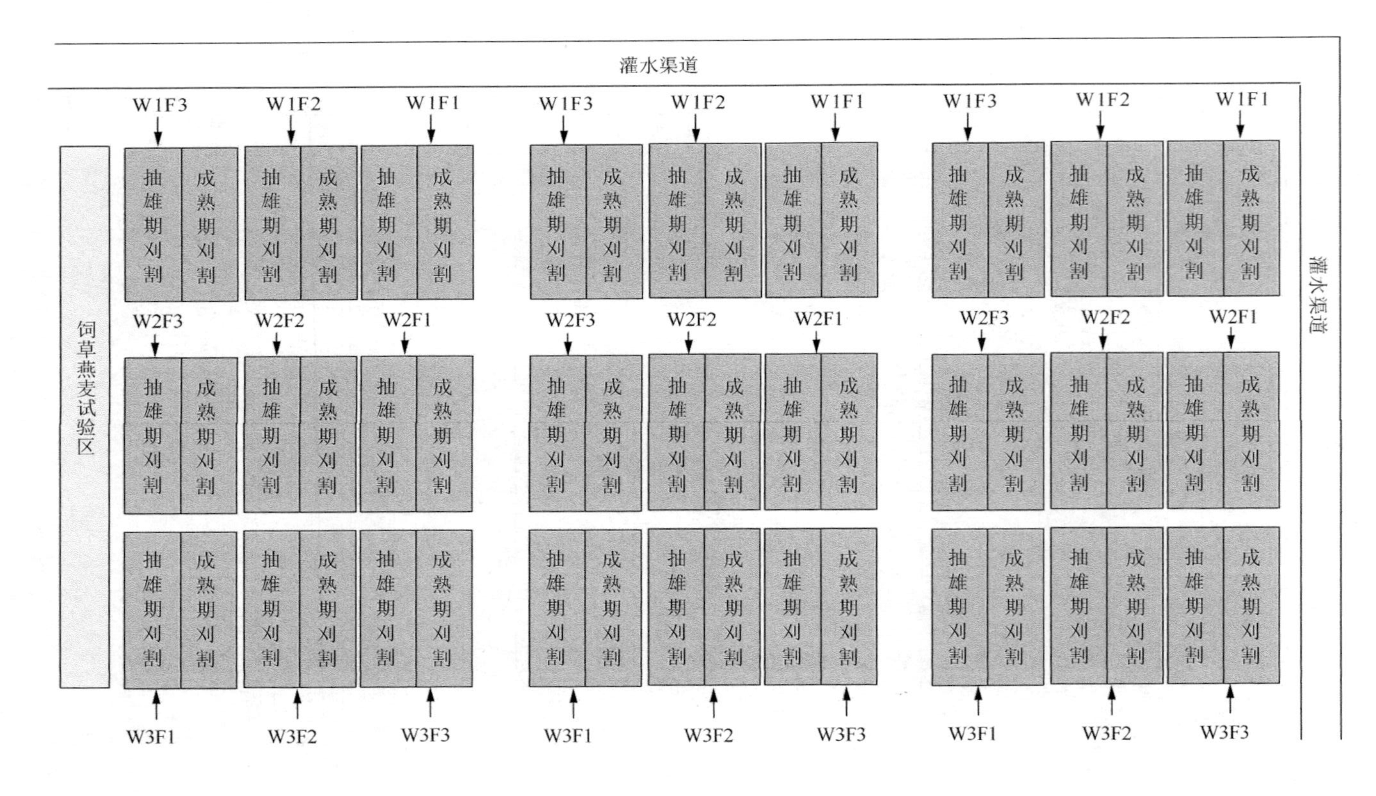

图 6-2　2015 年灌溉试验小区布置图

2. 测产结果分析

（1）2014 年测产结果分析。抽雄期、灌浆期、成熟期增加的刈割处理，刈割时间分别为 7 月 9 日、7 月 19 日、8 月 6 日，其各处理饲草干鲜比平均值分别为 0.27、0.31、0.27，均低于 10 月 9 日最终收获时的平均值（-0.35、0.36、0.39）。这与刈割后，新苗较嫩，含水量大，同时西藏处于雨季，牧草生长旺盛有直接关系。燕麦剩余期内横向对比，灌浆期燕麦干鲜比（0.31）大于成熟期、抽雄期燕麦干鲜比（0.27）（表 6-5）。

表 6-5　拉萨试验区燕麦不同时期刈割干鲜比

不同处理	抽雄期增加刈割，两次刈割干鲜比		灌浆期增加刈割，两次刈割干鲜比		成熟期增加刈割，两次刈割干鲜比	
	第一次干鲜比	第二次干鲜比	第一次干鲜比	第二次干鲜比	第一次干鲜比	第二次干鲜比
低水低肥	0.33	0.40	0.32	0.36	0.32	0.33
低水中肥	0.38	0.40	0.35	0.36	0.27	0.35
低水高肥	0.30	0.38	0.28	0.39	0.29	0.45
中水低肥	0.30	0.33	0.29	0.36	0.30	0.40
中水中肥	0.22	0.32	0.28	0.33	0.27	0.34
中水高肥	0.20	0.34	0.34	0.35	0.31	0.40
高水低肥	0.27	0.39	0.30	0.38	0.31	0.41
高水中肥	0.24	0.32	0.29	0.32	0.21	0.41
高水高肥	0.23	0.30	0.30	0.36	0.18	0.40
平均值	0.27	0.35	0.31	0.36	0.27	0.39

在 4000m 以下的农区，燕麦全生育期耗水量在 421～599mm，出苗前、拔节期是当地的灌水关键期。在有条件的地区，饲草作物尽量要早播，在雨季来临前作物根系深扎，以提高 7～8 月份雨季的抗倒伏能力。不同处理燕麦的净灌溉定额在 36～116m^3/亩。燕麦亩产干草在 686～1070kg，除个别处理异常外，高水平水、肥处理产量明显优于低水平水、肥处理产量，表明在西藏地区，贫瘠的土壤要获得饲草高产，水、肥的联合施用是关键。

抽雄期增加刈割处理，两次刈割时间分别为 7 月 9 日、10 月 9 日；灌浆期增加刈割处理两次，刈割时间分别为 7 月 19 日、10 月 9 日；成熟期增加刈割处理两次，刈割时间分别为 8 月 6 日、10 月 9 日。三种刈割方式具体到不同处理，产量略微有差异，9 种水肥处理第一次刈割时间越迟产量越大，抽雄期最小（443kg/亩），灌浆期次之（523kg/亩），成熟期最大（756kg/亩）；第二次刈割与第一次刚好相反，抽雄期最大（481kg/亩），灌浆期次之（400kg/亩），成熟期最小（172kg/亩）。9 种水、肥处理最终产量取平均值，差异不大，成熟期略微偏大一点，抽雄期增加刈割，9 种处理平均产量为 924kg/亩；灌浆期增加刈割，9 种处理平均产量为 923kg/亩；成熟期增加刈割，9 种处理平均产量为 928kg/亩（表 6-6）。

同一种刈割方式下：高水分处理产量均值＞中水分处理产量均值＞低水分处理产量均值。同一种刈割方式且只有高水分处理条件下：高肥产量均值＞中肥产量均值＞低肥产量均值；中水分处理、低水分处理产量随施肥量变化不明显。

表 6-6　2014 年拉萨试验区燕麦产量

不同处理	抽雄期增加刈割产量/(kg/亩)			毛收益/元	灌浆期增加刈割产量/(kg/亩)			毛收益/元	成熟期增加刈割产量/(kg/亩)			毛收益/元
	第一次	第二次	总和		第一次	第二次	总和		第一次	第二次	总和	
低水低肥	231	647	878	1756	272	547	819	1638	502	184	686	1372
低水中肥	262	588	850	1700	316	594	910	1820	511	268	779	1558
低水高肥	283	579	862	1724	317	454	771	1542	664	192	856	1712
中水低肥	419	545	964	1928	587	464	1051	2102	827	143	970	1940
中水中肥	620	373	993	1986	650	345	995	1990	822	164	986	1972
中水高肥	647	285	932	1864	686	351	1037	2074	827	190	1017	2034
高水低肥	304	474	778	1556	535	247	782	1564	841	153	994	1988
高水中肥	580	431	1011	2022	604	271	875	1750	880	141	1021	2042
高水高肥	642	404	1046	2092	738	332	1070	2140	927	116	1043	2086
平均值	443	481	924	1848	523	400	923	1846	756	172	928	1856

（2）2015 年测产结果分析。抽雄期增加的刈割处理，刈割时间分别为 6 月 30 日、9 月 18 日，其各处理饲草干鲜比平均值分别为 0.18、0.37，变化趋势明显，第一次刈割燕麦草水分含量明显高于第二次；成

熟期增加的刈割处理，刈割时间分别为 8 月 10 日、9 月 18 日，其各处理饲草干鲜比平均值分别为 0.41、0.20，燕麦 8 月 10 日已经接近灌浆结束，饲草燕麦干鲜比也已经达到最大 0.41，这与第二次刈割后，新苗较嫩，含水量大，同时西藏处于雨季，牧草生长旺盛有直接关系（表 6-7）。

表 6-7　2015 年拉萨试验区燕麦不同时期刈割干鲜比

处理	抽雄期增加刈割，两次刈割干鲜比		成熟期期增加刈割，两次刈割干鲜比	
	第一次干鲜比	第二次干鲜比	第一次干鲜比	第二次干鲜比
低水低肥	0.16	0.37	0.39	0.17
低水中肥	0.17	0.40	0.46	0.18
低水高肥	0.18	0.33	0.47	0.20
中水低肥	0.19	0.41	0.45	0.21
中水中肥	0.22	0.34	0.37	0.24
中水高肥	0.20	0.36	0.38	0.23
高水低肥	0.16	0.33	0.36	0.18
高水中肥	0.17	0.39	0.42	0.19
高水高肥	0.17	0.37	0.38	0.19
平均值	0.18	0.37	0.41	0.20

2015 年，灌溉燕麦饲草地抽雄期增加刈割处理，两次刈割时间分别为 6 月 30 日、9 月 18 日；成熟期增加刈割处理，两次刈割时间分别为 8 月 10 日、9 月 18 日。由表 6-8 可知，两种刈割方式条件下，9 种水、肥处理最终产量取平均值，两种刈割方式差别不大，分别为 995kg/亩、921kg/亩，抽雄期干草产量略大一点，但干草产量较成熟期刈割只增产 8%；抽雄期增加刈割的方式，中水、高水处理两次产草量接近，低水分处理第二次刈割干草产量的 600～632kg/亩，明显高于第一次刈割的 247～311kg/亩。成熟期增加刈割的方式，高水、中水、低水处理第二次刈割干草产量的 100～230kg/亩，明显低于第一次刈割的 538～940kg/亩。

2015 年调整肥力水平之后，不同肥力处理对饲草燕麦干草产量影响显著（表 6-8）。在低水分处理情况下，高肥处理比低肥处理干草增产

10%～20%，中肥处理比低肥处理增产 5%～10%，高、中、低增产层次较明显。中水平水分处理与高水平水分处理中，高肥水平与中肥水平二者差异不明显，但较低肥水平干草产量增产明显。由此可初步推断，对于拉萨地区饲草燕麦种植，中肥力水平足够兼顾产量与经济成本投入。氮元素、磷元素和钾元素分别投入 15kg/亩、12kg/亩和 7kg/亩。

表 6-8 2015 年拉萨试验区燕麦产量

不同处理	抽雄期增加刈割产量/(kg/亩)			毛收益/元	成熟期增加刈割产量/(kg/亩)			毛收益/元
	第一次	第二次	总和		第一次	第二次	总和	
低水低肥	247	601	848	1696	538	164	702	1404
低水中肥	288	600	888	1776	548	230	778	1556
低水高肥	311	632	943	1886	715	165	880	1760
中水低肥	461	397	858	1716	789	123	912	1824
中水中肥	663	464	1127	2254	837	141	978	1956
中水高肥	692	467	1159	2318	842	163	1005	2010
高水低肥	325	554	879	1758	807	132	939	1878
高水中肥	604	487	1091	2182	915	120	1035	2070
高水高肥	616	544	1160	2320	940	100	1040	2080
平均值	468	527	995	1990	700	149	919	1838

综上所述，农区燕麦多轮刈割模式可行，燕麦干草按 2 元/kg 计算，各处理平均每亩毛收益在 1830 元以上。

6.1.2 农区青稞-冬小麦-混播禾豆轮作模式

1. 研究方法

农区青稞-冬小麦-混播禾豆轮作模式试验于拉萨市郊试验区开展。2014 年共设 2 个处理，其中处理 1 在 7 月下旬收获冬小麦，此后混播禾豆，禾豆混播比例为 0.5∶0.5，10 月份收获；处理 2 当年 4 月种植青稞，8 月收获，10 月份轮作冬小麦。2015 年禾豆混播比例为 0.6∶0.4，每个小区面积大小为 12×6=72m^2，试验小区之间隔离带宽 1.5m，边界保护区宽 5～6m（图 6-3）。

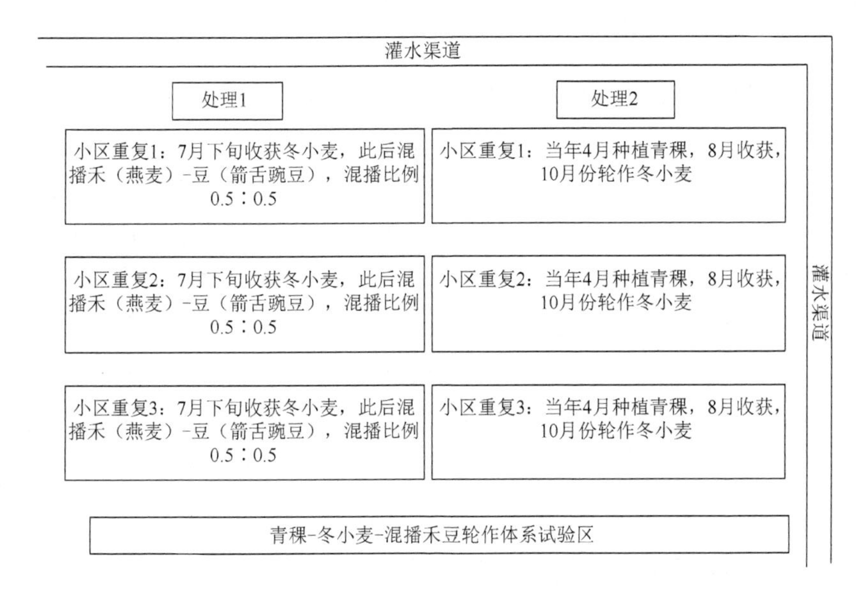

图 6-3　2014 年灌溉试验小区布置图

2015 年，在 2014 年试验的基础上完成青稞-冬小麦-禾豆（豌豆-燕麦）混播轮作体系试验，共设 2 个处理，处理 1 当年 4 月种植青稞，8 月收获，此后 10 月份轮作冬小麦；处理 2 月、7 月下旬收获冬小麦，此后混播禾豆，禾豆混播比例为 0.6∶0.4，10 月份收获；每个小区面积大小为 $12\times6=72\text{m}^2$，试验小区之间隔离带宽 1.5m，边界保护区宽 5～6m（图 6-4）。

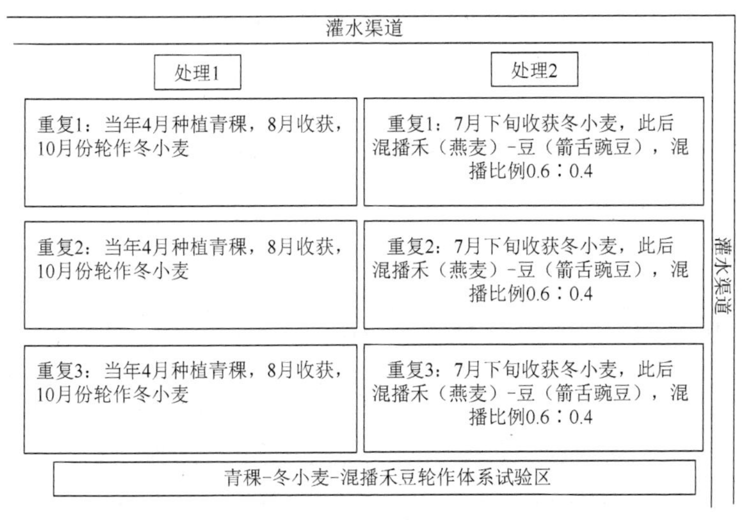

图 6-4　2015 年灌溉试验小区布置图

2．结果分析

（1）长期以来，西藏地区农作物生产采用一年一熟制，造成光热和土地资源的严重浪费，提高西藏地区的复种指数，有利于提升光热及土地资源利用率，进一步达到增加农业经济效益。与单独种植模式下的植物群落相比，2 年内增加禾-豆牧草混播植物群落具有明显的优越性，其可以明显提高单位土地面积上牧草的生物产量，混播群落类型不同，提高幅度不同。试验区内种植青稞品种为“藏青 320”，冬小麦品种为“藏冬 20 号”。青稞 4 月种植，8 月收获；冬小麦 10 月种植，来年 7 月收获。综合两年试验区内青稞与冬小麦平均产量分析。青稞年内毛收益为 1040 元左右，冬小麦年收益为 1184 元左右（表 6-9）。

表 6-9　试验区冬小麦、青稞产量及效益分析

作物	2014 试验田产量/kg	2015 年试验田产量/kg	平均产量/kg	单价/（元/kg）	毛收益/元
冬小麦	390	350	370	3.2	1184
青稞	310	302	306	3.4	1040

冬小麦、青稞的收获季节分别在 7 月、8 月，现有的耕种模式不能充分利用西藏地区 8 月、9 月、10 月的雨、热资源，本书以 2000 年至 2013 年总共 14 年内连续的降水资料为例进行分析说明（表 6-10）。8 月至 10 月为没有作物种植的月份，降水占到全年降水的 40%以上。发展不同作物轮作的同时，兼顾秋闲时混播禾豆的探索，对积极开发利用西藏地区雨季、光、热、水、土资源具有重要意义。

表 6-10　拉萨地区 8～10 月份降水资源比例分析

年份	2000	2001	2002	2003	2004	2005	2006
8～10 月计累计降水量/mm	238	136	238	223	159	264	100
年累计降水量/mm	530	492	539	550	555	496	339
所占比例	0.45	0.28	0.44	0.41	0.29	0.53	0.29
年份	2007	2008	2009	2010	2011	2012	2013
8～10 月计累计降水量/mm	220	222	218	222	84	109	221
年累计降水量/mm	477	534	344	360	425	365	565
所占比例	0.46	0.42	0.63	0.62	0.20	0.30	0.39
所占比例平均值				0.41			

（2）混播禾豆产量及效益分析。冬小麦复种燕麦-豌豆，禾豆复种比例为 0.5∶0.5，7 月 22 日播种，10 月 9 日收获。高水平施肥处理，尿素：7.5kg/亩、磷酸二铵：10 kg/亩；低水平肥处理，尿素：5kg/亩、磷酸二铵：7.5kg/亩；整个生育期处于降水期，无水分处理。拉萨地区燕麦亩产干草在 430～684kg，亩均投入 180～200 元，以 2.0 元/kg 计；每亩可产生经济效益 860～1368 元，草业亩均纯收入 680～1168 元，平均增收 910 元（表 6-11）。

表 6-11　试验区 2014 年混播禾豆产草量及效益分析

小区	不同施肥处理	平均亩产干草/（kg/亩）	平均亩产鲜草/（kg/亩）	干鲜比	干草单价	禾豆混播比例	经济效益/元
1	尿素：7.5kg/亩、磷酸二铵：10 kg/亩	684	2438.55	0.28	2 元/kg	0.5∶0.5	1368
2	尿素：5kg/亩、磷酸二铵：7.5kg/亩	430	2103.38	0.20			860

与单独种植模式下的植物群落相比，禾-豆牧草混播植物群落具有明显的优越性，可以明显提高单位土地面积上牧草的生物产量，混播群落类型不同，提高幅度不同。

2015 年冬小麦收获日期为 8 月 2 日，冬小麦收获后复种燕麦-豌豆（禾豆）混播饲草，禾豆混播比例为 0.6∶0.4，最终 10 月 8 号收获。冬小麦复种混播饲草:高水平施肥处理尿素：7.5kg/亩、磷酸二铵：10 kg/亩；低水平施肥处理:尿素：5kg/亩、磷酸二铵：7.5kg/亩；整个生育期处于降水期，无水分处理。对比 2014 年产量，禾豆混播 0.6∶0.4 的播种比例，干草产量优于禾豆混播 0.5∶0.5 的比例，较高施肥水平增产量在 6%左右。一般水平施肥量增产在 35%左右。

2015 年拉萨地区禾豆混播亩产干草在 652～723kg，亩均投入 180～200 元，以 2.0 元/kg 计，每亩可产生经济效益 1304～1446 元（表 6-12）。

表 6-12　试验区 2015 年混播禾豆产草量及效益分析

小区	不同施肥处理	平均亩产干草/（kg/亩）	平均亩产鲜草/（kg/亩）	干鲜比	干草单价	禾豆混播比例	经济效益/元
1	尿素：7.5kg/亩、磷酸二铵：10 kg/亩	723	1900	0.38	2 元/kg	0.6∶0.4	1446
2	尿素：5kg/亩、磷酸二铵：7.5kg/亩	652	1659	0.39			1304

综上所述，在西藏有生产条件的农区，实行 2 年内青稞-冬小麦-混播禾豆的轮种模式，可以有效地解决西藏地区种植结构单一，农牧结合不强的问题，同时可以具有客观的经济收益，2 年内在正常收获青稞冬小麦的基础上，每亩增收 910～1192 元。

6.2　饲草燕麦与青稞单种技术模式及验证

6.2.1　饲草燕麦节水高效稳产技术模式

西藏高寒牧区多年来一直以传统放牧为主，超载过牧严重，草原退化加剧。近年来，为缓解牧区草原压力，该地大力发展灌溉饲草料地。当地牧民缺乏种植经验，又无科技指导，现有的种植技术单一、管理粗放，导致灌溉水利用率低、产量低下，最佳效益无法发挥。因此，本书根据西藏牧区现有生产实际和中国水利水电科学研究院牧区水利研究所近年在当雄县、拉萨市的初步研究成果，结合其他地区的成功经验，综合集成土地平整技术、灌水技术、田间管理技术、收获储藏技术等，建立高寒牧区灌溉人工草地节水高产综合技术及其管理模式，为生产实践提供具体的技术指导。

1．品种选择

燕麦一般分为带稃型和裸粒型两大类。世界各国栽培的燕麦以带稃型为主，常称为皮燕麦。中国栽培的燕麦以裸粒型的为主，常称裸燕麦。在青藏高原高寒牧区，如果以收获青干草为目的，应选择生育期较长的晚熟品种，如“709”“118”“343”“409”“丹麦 444”等；如果以收获籽实为目的，则应选择早熟品种，如“青引 2 号”“白燕 2 号”“白燕 7 号”“青永久 444”等。

（1）植物学特性。燕麦为禾本科燕麦属一年生草本植物，株高 110～180cm，丛生。须根系，入土 40～100cm，分蘖较多，茎由 4～7 节组成，节部着生腋芽。叶片宽而长，长 15～40cm，宽 6～12mm，叶平展，幼苗期叶片被白粉。圆锥花序，穗轴直立或下垂，具 4～9 节，下节各节分枝较多，小穗着生于分枝的顶端，有 2～5 朵花，而以 2 朵花为多。颖较宽大，膜质，颖果纺锤形，外稃具短芒或无芒。具纤毛，果实成熟不脱落，千粒重 25～35g。

（2）生物学特性。燕麦喜冷凉的气候，种子发芽的最低温度为 3℃，最适宜温度 20℃。抗寒性较其他麦类弱，幼苗能忍受-2～-3℃低温，成株遇-3～-4℃霜冻能生长，-5～-6℃将受冻害。不耐热，对高温敏感，开花和灌浆期遇高温则影响结实，在夏季温度不高（如西藏高海拔地区）的地区适于种植。燕麦从分蘖到抽穗需水较多，乳熟以后逐渐减少，结实后期宜干燥。开花期如水分不足，会增加空壳率，降低籽实产量。燕麦对土壤要求不严格，对微酸和微碱性土壤有较强的适应力。裸燕麦比有壳燕麦更耐碱和耐旱，但耐寒性和耐热性较差。燕麦的生长因品种和播种期不同，春燕麦一般为 70～125d，冬燕麦为 250d 以上。

（3）饲用价值。燕麦籽粒中含有较丰富的蛋白质，裸燕麦的蛋白质含量为 10%～25%，脂肪含量可达 4%。燕麦壳占谷粒重的 20%～35%，纤维素含量较高，秸秆柔软，叶多茎少，叶片宽长，柔嫩多汁，适口性强，是一种优质青刈饲料。研究表明，青刈燕麦粗蛋白质含量以开花期为最高，乳熟期次之，结合单位面积轻物质产量，则以乳熟期刈割为宜。在西藏高寒牧区（以当雄为例），其蜡熟期粗脂肪、灰分均略高于低海拔地区同期燕麦，因此可以适当晚割。

2．播种技术

西藏牧区春季干燥寒冷，地温低，各地无霜期长短不同，播种期有明显差异。一般海拔 3500～4000m 地区，播种时间宜选在 4 月中下旬，海拔 4000m 以上地区，播种时间宜在 5 月中旬到下旬，但须能够安全躲过晚霜危害。播种方式宜采用条播，机械作业，行距 20～25cm，深度 3～4cm，半农半牧（海拔 3500m～4000m）地区，燕麦播种量为 10～12kg/亩，牧区（海拔 4000m 以上地区）依据当地实际情况，饲草燕麦播种量不少于 20kg/亩，保证出苗率。

3．耕作与整地技术

所谓土壤耕作，是指在作物生产的整个过程中，通过农机具的物理机械作用，调节土壤耕作层和表层状况，使土壤水分、空气和养分的关系得到改善，为作物播种出苗和生长发育提供适宜的土壤环境的农业技术措施。

（1）土壤耕作与整地的作用。土壤耕作与整地的作用包括：①改善土壤的耕层结构。受重力、降水、灌溉以及践踏、机械碾压等作用，耕层土壤逐渐变得紧实，不利于作物生长。因此，需要有壁犁、深松铲等机具将耕层切割反转、破碎，使之疏松，改善毛细管空隙状况，提高土壤的通透性、持水性和保肥供肥性能，创造适合于牧草与饲料作物种子萌发和根系的耕层结构。②掺和残茬，防除杂草和病虫害。经过一个生产周期，地面上遗留有作物的枯枝落叶和残茬，病虫的残体、杂草的植株和种子，深耕可将其翻埋到耕层中，增加土壤有机质，同时杀灭杂草种子、病菌孢子以及害虫的卵、蛹、幼虫等。采用有壁犁和旋耕犁耕地，可将撒施在土壤表面做底肥的有机粪肥、磷肥等均匀地分布到耕层中，使其与土壤相溶为一体，促进有机质的分解，改善土壤的养分状况。混拌土壤又使肥土和瘦土混合，使耕层均匀一致的营养环境。③平整地面、蓄水保墒，提高播种质量。主要包括耕地、耙地、镇压等作业，其目的是破碎土块，去除残茬，使饲草料地达到地面平整，土壤细碎，土质疏松，使耕层表面平整、软硬适中、土壤与外界环境的接触面减少，有利于保墒。

（2）基本耕作措施。土壤的耕作措施包括土壤的基本耕作措施（如犁梗、深松耕）和表土耕作措施（如浅耕灭茬、耙、镇压等）。基本耕作就是俗称的耕地，是指影响土壤全耕作层的措施，是播种前整地的中心环节（图 6-5、图 6-6）。

图 6-5　传统人工耕作

图 6-6　现代化机械耕作

（3）浅耕灭茬。浅耕灭茬主要是在前作物收获后至犁地前的一项作业。工具是畜力犁，机耕圆盘灭茬器或圆盘耙（图 6-7）。在重力作用下，耙片或犁切入土壤，切断草根和作物残茬，并使切碎的土块沿耙片或犁凹面微略上升，然后翻落。因此，浅耕灭茬的作用是消灭残茬和杂草，疏松表层土壤，减少蒸发和接纳降水，减少耕地阻力，为翻耕创造条件。根据当地土壤气候条件和杂草的种类，浅耕灭茬的深度一般在 5～10cm，效果最好。收后即耕，宜早不宜迟。在前收获后进行播种或复种，或在天气已冷时一般均不进行灭茬，可直接翻耕。

图 6-7　耙地机械

（4）耙地。耙地的主要作用是疏松表土，平整地面，弄碎坷垃，消除杂草，混合化肥，并可局部轻微压实土壤。耙地还有利于促进土壤蓄水保墒和青贮玉米出苗生长。耙地的机具主要有圆盘耙、钉齿耙等，方法主要有顺耙、横耙，其中横耙有利于碎土和平地，而且容易翻转土垡，效果较好（图 6-8），一般需横耙、顺耙结合。

图 6-8　机械耙地

（5）耱地。耱地也叫盖地或耢地，起重要的保墒作用。工具常由柳条或树枝编成或长条木板做成。常在犁地、耙地后进行，用以平整地面、耱实土壤、耱碎土块、利于保墒，为播种和出苗提供良好条件。播种后的耱地，有覆土和镇压的作用。生产上，有时将其系于畜力耙后，耙、耱结合 1 次完成作业。影响深度在土层 5cm 以内，可为播种创造良好的条件。

（6）镇压。镇压是借助物体的重量使得耕作层土壤上部变得较为密实，在干旱季节可以减少土壤水分流失，春耕后，如不经镇压就种植，往往会发生“吊苗”现象，镇压保证种子在土壤中吸水萌发和正常出苗。镇压的工具主要有石滚、平滑镇压器等。镇压影响土壤的深度，轻则 3～4cm，重则 7～10cm。

（7）整地。缺少整地措施是导致西藏牧区草地灌溉水利用率低，效益低下的主要原因之一。整地一般包括开沟、培土、作畦等措施，现有常用整地机械如图 6-9、图 6-10 所示。开沟可用开沟器或开沟犁进行，要求沟直，沟距以牧草行距为标准。培土一般结合中耕除草进行，可增加牧草抗倒伏能力。作畦指在田间筑起田埂，将田块分割成许多狭长地块，即畦田。水从输水沟或直接从毛渠放入畦中，畦中水流以薄层水流向前移动，边流边渗，润湿土层。畦田通常沿地面最大坡度方向布置，即顺坡向布置，适于地面坡度为 0.001～0.003 的畦田。在地形平坦地区，有时也采用平行等高线方向布置的畦田，即横坡向布置。因水流条件较差，横畦畦田一般较短。

图 6-9　小型多功能一体整地机

图 6-10　大型联合作业整地机

畦田长度取决于地面坡度、土壤透水性、入畦流量及土地平整程度。当土壤透水性强、地面坡度小且土地平整差、入畦流量小（如井水）时，畦田长度宜短些；反之，畦田宜长些。畦田越长，则灌水定额越大，土地平整工作量越大，灌水质量越难以掌握。我国大部分渠灌区畦田长度在30～100m。考虑到西藏牧区土地坡度大，透水性强、水流急的特点和牧区劳动力较少的现实，灌溉草地畦田长度建议在50～150m之间。

畦田宽度与地形、土壤、入畦流量大小有关，同时还要考虑机械耕作的要求。在土壤透水性好、地面坡度大、土地平整差时，畦田宽度宜小些，反之宜大些。通常畦越宽，灌水定额越大，灌水质量越难掌握。畦宽应按照当地农机具宽度的整倍数确定，一般为2～3m，最大不宜超过4m。畦埂高度一般为15～20cm，以不跑水为宜。

4. 灌水技术

合理的灌溉不仅能够提供牧草生长所必需的水分，还能改善土壤理化性质，促进微生物活动，调节温度和湿度。以最少水量获得最多的饲料产量，需要有相应的灌溉系统作为保障，并确定适宜的灌水方法、合理的灌水时间和灌水定额，满足适时、适量的作物需水。在半农半牧交错区（海拔3500～4000m地区）燕麦的需水关键期为拔节期与抽雄期，但根据当地气象条件，此时多已处于雨季，所以该时期并非灌溉的关键时期。燕麦的灌溉关键期为雨季来临前的播前保墒水或出苗水，大约为4月中旬或下旬，以及拔节初期的灌水，大约为当地的6月上旬～中旬。在海拔4000～4500m的牧区（以当雄为例），燕麦的需水关键期同样为拔节期与抽雄期，但由于气候原因，该地区相比3500～4000m海拔地区播种晚，作物生长相对滞后于较低海拔地区，该地区雨季在7月中旬～8月下旬，灌水关键期为6月中旬～下旬，此时作物尚处于幼苗期或向拔节期的过渡时期，不宜缺水，除此之外，当地播前（5月下旬）的出苗水同样至关重要。综合考虑牧草需水、气候条件，并考虑到当地劳动力不足等因素，本书提出不同地区燕麦推荐灌溉制度，并应注意以下几点：

（1）牧草播种前一定要保证出苗水，没有降水的情况下，土壤要有一定墒情，灌溉计划湿润层至少 20cm，半农半牧区灌水定额可采用 $25m^3$/亩，牧区考虑地表植被覆盖较少风速较大，灌水定额可略微加大至 $30m^3$/亩。

（2）本书中苗期划分包含苗期向拔节期过渡的分蘖期，农区干旱水文年与正常水文年，苗期推荐灌水 $30m^3$/亩；牧区干旱水文年，该阶段推荐灌水 $50m^3$/亩，分 2 次灌溉，此时牧草根系较浅，防止高海拔地区浅层土壤过度蒸发导致死苗，灌水时间为苗期后期或幼苗分蘖时。

（3）拔节期牧草进入需水关键期，如果此时降水不够充足要保证及时灌水，拔节期水分一定要供给充足，农区与牧区干旱水文年灌水定额分别为 $70m^3$/亩、$60m^3$/亩，可依据实际情况分 2～3 次灌入田间；正常水文年灌水定额分别为 $55m^3$/亩、$30m^3$/亩，可依据实际情况分 1～2 次灌入田间；湿润水文年灌水定额统一为 $30m^3$/亩，一般 1 次灌入田间即可。

（4）燕麦抽雄期同样处于需水关键期，日耗水量可达到 4～6mm/d，同时西藏不同地区抽雄期的燕麦正值西藏地区雨季，多为补充性灌溉，农区、高寒牧区干旱水文年抽雄期推荐灌溉定额分别为 $25m^3$/亩、$30m^3$/亩；高寒牧区燕麦几乎不存在倒伏问题，为了高产，可考虑正常水文年灌溉 $30m^3$/亩。

（5）灌浆成熟期西藏当地降水往往足够牧草日需耗水量要求，尤其半农半牧区，此时不宜过多灌溉，过多灌溉反而易导致牧草成片倒伏。

5．施肥技术

（1）施肥依据和原则。施肥的目的是满足饲草作物生长发育的需要，增加产量，提高效益。但要做到高产高效，就必须合理施肥。因此，在施肥的时候要遵循一定的原则：根据作物的营养特点施肥，不同的饲草、不同品种或不同生育期，对于养分的种类和数量有着不同的需求；根据土壤条件施肥，一般酸性土壤宜施碱性肥料，贫瘠、保肥力差的土壤应多施有机肥或种植绿肥，分期追施速效化肥；根据土壤的种类和特性施肥，肥料的种类不同，性质也各异，施肥必须根据肥料的酸碱性、养分含量、溶解度、肥效快慢、利用率、移动性、后效副作用等特性，选择合适的肥料种类，确定用量及使用方法；根据气候条件施肥，在高温多雨地区，有机质分解快，淋溶作用强，施有机肥料不宜过早，腐熟度不宜过高，施化肥应掌握“少量多次”的原则，以减少淋失；与有机肥料配合施用，因为有机肥料的特点是肥效缓、稳、长，养分齐全，而化学肥料特点是肥效快、猛、短，养分单一，二者相互配合使用，可以取长补短、缓急相济，既有前劲、又有后劲，平衡供应作物养分；氮磷钾合理配比施用，作物对各种营养元素的吸收是按一定比例有规律的吸收，各种营养元素都有特定的作用，不能替代，但能相互促进，有耦合效应；因地制宜地施用微量元素肥料，牧草吸收的微量元素量有限，但不能缺少；牧草缺少一种微量元素，营养生长和生殖生长就会发生障碍，甚至僵苗死亡；确定合理的施肥方式，化肥一般养分浓度高、水溶性大、易于流失，因此在施肥上用量不宜过多。

（2）施肥方法。牧草和作物的整个生育期分为若干段，不同生长发育阶段对土壤和养分条件有不同的要求。同时，各生长发育阶段所处的气候条件不同，土壤水分、热量和养分条件也随之发生变化。因此，施肥一般不是一次就能满足饲草整个生育期的需要，需要在基肥的基础上进行多次追肥。

基肥是播种或定值前结合土壤耕作施用的肥料，其目的是为了创造饲料作物生长发育所需要的良好的土壤条件，满足饲料作物对整个生长期的养分需求，基肥的施用方法有撒施、条施和分层施。追肥是在生长期间施用的肥料，其目的是满足饲料作物和牧草生长发育期间对养分的要求。追肥的主要种类为速效氮肥和腐熟的有机肥料。追肥的时间一般在禾本科牧草的拔节期、抽雄期，豆科牧草的分支期、现蕾期。为了提高牧草产草率，每次收割后应该追肥。

（3）施肥制度。饲料结籽燕麦结合秋耕施优质农家肥 $1m^3$（1～2t）/亩，第 1 次拔节初期结合灌水施用尿素（20kg/亩），第 2 次结合抽穗初期灌水追施尿素（10kg/亩），全生育期施用尿素（30kg/亩）、磷酸二铵（25kg/亩）、农家肥（1～1.5t/亩）。

对收获青燕麦的地块，结合秋耕施优质农家肥 $1m^3$（1～2t）/亩，拔节初期追施尿素（15kg/亩），灌浆期刈割后，追施磷酸二铵（10kg/亩）、尿素（7.5kg/亩），可望收获较高的产量。

6．田间管理技术

（1）除草。以青刈割利用为生产目的，立地条件良好时，燕麦一般无须进行除草。鉴于西藏牧区田间管理水平不高和劳动力缺少的现状，饲料燕麦在整个生育期可除草 1～2 次，三叶期中耕除草，要早除、浅除，提高地温，减少水分蒸发，促进早扎根，快扎根，保全苗。拔节前进行 1 次除草，种植面积不大时，可选用人工除草，种植面积较大时，可采用化学除草剂，在三叶期用 72%的 2,4-D 丁酯乳油 900mL/hm^2，或用 75%巨星干悬浮 13.3～26.6g/hm^2，选晴天、无风、无露水时均匀喷施。以产籽粒为目的时，为提高粒重和改善品质，抽雄期和扬花前用磷酸二氢钾（2.25kg/hm^2）加尿素（5kg/hm^2）和 50%多福合剂（2kg/hm^2），兑水喷施。

（2）病虫害防治。燕麦坚黑穗病采用拌种双、多菌灵或甲基托布津以种子重量 0.20%～0.30%的用药量进行拌种；燕麦红叶病采用 40%的乐果、80%的敌敌畏乳油或 50%的辛硫磷乳油 2000～3000 倍液等喷雾灭蚜。黏虫用 80%的敌敌畏 800～1000 倍液，或 80%敌百虫 500～800 倍液或 20%速灭丁乳油 400 倍液等喷雾防治。地下害虫采用 75%甲拌磷颗粒剂 15.0～22.5kg/hm^2，或用 50%辛硫磷乳油 3.75kg/hm^2 配成毒土，均匀撒在地面，耕翻于土壤中防治。鼠类是西藏草地生态系统的重要组成部分，也是草原灾害的主要原因之一。在灾害发生的高峰年，害鼠危害草场的面积占可利用面积的 60%以上，即使在正常年份也占 10%～20%。鼠害控制技术主要包括物理防治、化学防治、生物防治、生态治理以及综合防治等。

7．收获与贮藏技术

（1）燕麦青贮饲料收获与贮藏技术。①收获。海拔 3500～4000m 的地区多为春播燕麦。如果燕麦作为青饲料，可以刈割两轮，第一轮在株高约为 40～80cm 时刈割，留茬 5～8cm。在生长到 40～80cm 时进行第二轮刈割，循环利用，饲喂多少，刈割多少。如果燕麦作为青干草，最佳刈割时期为初花期或盛花期（灌浆期）。只刈割一次方便牧草干燥、加工与贮藏。②收获。海拔 4000～4500m 地区种植燕麦亦多为春播燕麦，但该地区的积温与降水相比低海拔地区较少，燕麦种植更适合作为青干草加工、贮藏，不适合作为青饲料。其收割最佳时期为初花期或盛花期，约为当地 9 月上旬。③贮藏。将割倒的燕麦就地平铺，待其本身含水量下降至 50%以下时，方可集成 1～2m 高的小堆，待其含水量继续下降至 23%时（此时用手拧会轻易弄断，但用工具收集时不易断裂），可以运回牲畜圈附近或草棚中进行储藏，同时注意通风、透气管理，直到水分继续下降至 17%以下（此时易断，且用手碾搓有沙沙声）时，达到贮藏的安全界限。建议小型养殖场或者农牧民个体户建立青贮窖或应用塑料袋帮助贮藏；对于集约化生产企业宜建立青贮塔。青贮窖、青贮塔应选择在地势较高、土质坚硬、排水流畅、取用方便的地方。地下水位较低的地区可以修成地下式。青贮窖、青贮塔要坚固、不透水、不透气、内壁光滑（便于填实），大小可根据原料量而定，一般按每立方米填装 500～600kg 计算，塑料袋厚度应大于 0.2mm。

（2）燕麦籽粒收获与贮藏技术。①收获。海拔 4000～4500m 地区，燕麦刈割期一般为 9 月下旬或 10 月上旬；海拔 3500～4000m 地区，燕麦刈割期一般为 8 月下旬。当花铃期已过，穗下部籽粒进入蜡熟期、穗中上部籽粒进入蜡熟末期时，即可收获。此时籽粒干物质积累达到了最大值，茎秆尚有韧性，收割时麦穗不易脱落。②贮藏。在贮藏期间，燕麦籽粒的含水量控制在 13%，贮藏温度在 15℃以下。

6.2.2 青稞节水高效稳产技术模式

1. 品种选择

青稞是禾本科大麦属的一种禾谷类作物，因其内外颖壳分离，籽粒裸露，故又称裸大麦、元麦、米大麦。青稞分为白青稞、黑青稞、墨绿色青稞等种类，在青藏高原具有悠久的栽培历史，距今已有 3500 年，是“西藏四宝”之首糌粑的主要原料。藏区选用品种一般为六棱裸大麦：“藏青 320”“喜马拉雅 19 号”，四棱裸大麦：“甘青 5 号”“甘青 4 号”“北青 7 号”等。

（1）植物学特征。青稞的叶厚而宽，一般较宽，叶片含水量普遍比小麦叶片高，叶色较淡，一些冬性和丰产品种，叶色较浓绿。叶着生在茎节上，每一完全的茎秆一般具有 4～8 片叶，最上面的一叶叫旗叶，青稞的叶依其形态与功能分为完全叶、不完全叶和变态叶三种。茎直立，空心茎。有若干节和节间组成，地上部分有 4～8 个节间，一般品种 5 个节间，矮秆品种一般 3 个节间，茎基部的节间短，愈上则愈长。茎的高度（株高）一般为 80～120cm，矮秆品种株高 60～90cm。茎的直径为 2.5～4mm，茎包括主茎和分蘖茎，它们均由节和节间组成。茎节可分为地上茎节和地下茎节，地下茎一般有 7～10 个不生长的节间，密集在一起，形成分蘖节。

青稞的根系属须根系，由初生根和次生根组成。初生根由种子的胚长出，初生根一般有 5～6 条，多的有 7～8 条。初生根在幼苗期从种子发芽到根群形成前，起着吸收和供给幼苗营养的重要作用。青稞的花序为穗状花序，筒形，小穗着生在扁平的呈“Z”字形的穗轴上。穗轴通常由 15～20 个节片相连组成，每个节片弯曲处的隆起部分并列着生三个小穗，成三联小穗。每个小穗基部外面有 2 片护颖，是重要的分类性状。花有内颖和外颖各 1 片，外颖是凸形，比较宽圆，并且从侧面包围颖果，外颖端多有芒。内颖呈钝的龙骨形，一般较薄。小花内着生 3 个雄蕊和 1 个雌蕊，雌蕊具有二叉状羽毛状柱头和一个子房。在子房与外颖之间的基部有 2 片浆片。青稞开花是由浆片细胞吸水膨胀推开外颖而实现的。

在植物学上，青稞的种子为颖果，籽粒是裸粒，与颖壳完全分离。籽粒长 6～9mm，宽 2～3mm，形状有纺锤形、椭圆形、菱形、锥形等，青稞籽粒比皮大麦表面更光滑，颜色多种多样，有黄色、灰绿色、绿色、蓝色、红色、白色、褐色、紫色及黑色等。籽粒含淀粉 45%～70%，蛋白质 8%～14%。

（2）生物学特性。青稞苗期在-3～4℃，甚至-6～9℃的低温条件下也不致受冻，青稞生育期较短，一般仅为 110～125d。同其他禾本科栽培作物一样，青稞发芽与出苗只有满足适宜的水分、温度、氧气等外在条件才能满足生长发育的需要。种子播种在湿润的土壤里，便通过整个表皮吸收水分，经 2～3d 膨胀，吸收水分的重量相当于完熟时失去的水分的重量，为种子重量的 50%～70%。

2．播种与整地技术

播种方式采用条播，机械作业，行距25～30cm，深度3～5cm，农区播种量每亩12～15kg，播种日期在4月下旬。由于西藏高寒牧区（海拔4000m以上）春季干燥寒冷，为保证出苗率，播种量每亩20kg，同时由于牧区地温低，无霜期短，播种时间宜在5月下旬。

青稞整地技术与燕麦种植相同。

3．灌水技术

（1）海拔4000m以下农区。①青稞播种前一定要保证出苗水，没有降水的情况下，土壤要有一定墒情，灌溉计划湿润层至少20cm，灌溉定额可采用25m^3/亩。②本书中苗期划分时期为5月上旬～5月下旬，其包含苗期向拔节期过渡的分蘖期，由于分蘖期时间仅有4～6d，本书中统一划分在苗期，干旱水文年与正常水文年，苗期推荐灌水30m^3/亩，灌水时间为苗期后期5月下旬或幼苗分蘖时。③5月下旬～6月下旬牧草进入需水关键期，如果此时降水不够充足，要保证及时灌水，拔节期水分一定要供给充足，干旱水文年灌水定额为70m^3/亩，可依据实际情况分2～3次灌入田间；正常水文年灌水定额为55m^3/亩，可依据实际情况分1～2次灌入田间；湿润水文年灌水定额为30m^3/亩，一般1次灌入田间即可。④6月下旬～7月中旬牧草陆续进入抽雄期，此时燕麦、青稞同样处于需水关键期，日耗水量可达到4～6mm/d，同时6月至8月正值西藏地区雨季，多为补充性灌溉，干旱水文年抽雄期灌溉25m^3/亩即可。⑤7月至8月份此时当地降水往往足够牧草日需耗水量要求，此时不宜过多灌溉，过多灌溉反而易导致牧草成片倒伏。

（2）海拔4000～4500m高寒牧区。①牧草播种前一定要保证出苗水，没有降水的情况下，土壤要有一定墒情，灌溉计划湿润层至少20cm，牧区考虑地表植被覆盖较少风速较大，灌水定额可略微加大至30m^3/亩。②本书中苗期划分包含苗期向拔节期过渡的分蘖期。当青稞长到二叶一心时，就开始浇头水。要控制水量和水速，以防淹苗、冲苗，早浇头水有利于早期分蘖，促进幼苗和小穗的分化，达到穗大粒多的目的，牧区干旱水文年该阶段推荐灌水50m^3/亩，分2次灌溉。③浇好拔节水。进入拔节期，茎叶生长茂盛，分蘖达到高峰，青稞蓄水量达到最大值，应及时浇水，要浇好浇透，浇水要注意天气变化情况，大风天气少浇或不浇。④燕麦抽雄期同样处于需水关键期，日耗水量可达到 4～6mm/d，同时西藏不同地区抽雄期的燕麦正值西藏地区雨季，多为补充性灌溉，牧区干旱水文年抽雄期推荐灌溉定额为 $30m^3$/亩；牧区青稞几乎不存在倒伏问题，可考虑正常水文年灌溉增加 $30m^3$/亩。

4．施肥技术

青稞应抓好土壤的基础肥力，施足基肥，N、P 配合使用，在施用时间上，要掌握“基肥足、追肥早”的原则，若追肥过晚，后期施肥过多，作物旺涨，同时期雨水过多，导致大面积倒伏。秋耕结合施优质农家肥 $1m^3$（1～2t）/亩，春耕是磷酸二铵底肥 25kg/亩，氮肥全部用尿素作追肥，30kg/亩分两次施，第 1 次结合拔节期灌水施入 15kg/亩，第 2 次在抽穗初期随灌水或降水施入 15kg/亩。

5．田间管理技术

（1）病虫害防治。①青稞黑穗病是常见的病害。青稞黑穗病有坚黑穗病和散黑穗病两种，主要危害穗部。防治方法：用 1%石灰水浸种；用 0.1%的多菌灵药液浸青稞种 60kg，浸种 36～48h，捞出晾干后可播种。②芽虫是青稞上的主要害虫，种类有二叉蚜，支长管蚜等，属同翅目蚜科。蚜虫常大量聚集在叶片、茎秆和穗部，吸取叶液，影响青稞的生长发育，使千粒重下降，造成减产。防治方法：将选好的 100kg 种子用 200g 75%“3911”乳液加 8～12kg 水，均匀搅拌堆放 8～12h 后播种；在蚜虫发生始期，用 50ml 40%氧化乐果乳液，加 50～70kg 水喷雾。③对杂草少的田块，结合中耕拔除。对杂草多的田块用药剂防除。

（2）鼠害防治。鼠害防治与燕麦防治技术相同。

6．收获与贮藏

（1）适时收获。青稞的收获和小麦一样，应在适宜的时候进行。青稞的穗轴很脆，易掉穗落粒；过晚收割，损失增大；过早收割，影响籽实的品质和产量。具体的收获时间与品种用途有关，食用和饲料用的青稞，在蜡熟后期收割较为适宜，酿酒用的青稞需在完熟期收割。

（2）安全贮藏。在贮藏期间，燕麦籽粒的含水量控制在 13%，贮藏温度在 0℃以下。

6.2.3 高寒牧区燕麦与青稞单种技术模式验证

1. 验证方法

高寒牧区燕麦与青稞单种技术模式于拉萨市当雄县试验区开展试验验证，灌溉试验采用田间小区对比试验（表 6-13）。供试牧草为青稞（青引 2 号）和燕麦（丹麦 444）。每种作物设 3 个试验处理，每个处理 3 个重复，每个小区的净面积为 15m×12m=180m^2（图 6-11）。各试验小区周边用高为 30cm 的田埂分割。为防止地面灌溉串水和小区间地下水侧向渗漏，每一处理间设保护隔离区，隔离区宽为 1m。试验处理按施肥水平加以控制，参照灌溉试验规范要求，项目设高施肥水平处理、中等施肥水平处理和低施肥水平处理。

表 6-13 燕麦（青稞）试验设计

处理	编号	各阶段施肥条件			
		农家肥	N 养分含量/（kg/亩）	P 养分含量/（kg/亩）	K 养分含量/（kg/亩）
高施肥水平处理	Y(Q)1	牛、羊粪 1m^3/亩。由于松散度不同，1m^3 农家肥 1～1.5t	15	10	15
中等施肥水平处理	Y(Q)2		7	5	7
低施肥水平处理	Y(Q)3		0	0	0

注：表中所列 N、P、K 养分含量均为养分有效含量，具体使用多少依据尿素、复合肥养分有效含量百分比进行折算。

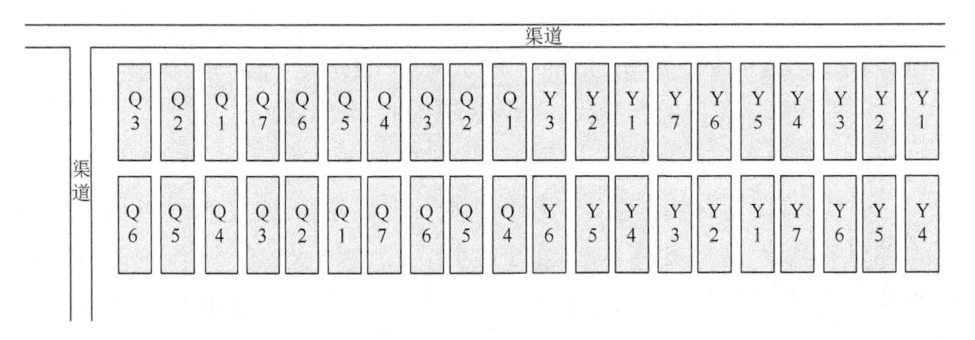

图 6-11 试验小区布置图

2. 结果分析

根据测定（表 6-14），燕麦平均饲草产量最高可达 614.75kg/亩，青稞饲草产量最高可达 500.25kg/亩。低水平施肥处理，燕麦、青稞饲草产量减产明显，减产率分别可达 16.8%、23.1%，中水平施肥处理虽然也有减产，但是减产幅度不大，燕麦、青稞减产率只有 5.4%与 4.4%，在有农家肥 1m^3（1～1.5t）/亩施入的基础上，考虑经济效益最大，中水平施肥处理即最优。饲草燕麦干草 2 元/kg，青稞 1.5 元/kg，燕麦种植亩均毛收益在 1022 元以上，最高可达 1230 元。

表 6-14 燕麦、青稞各处理净灌水量及产量

处理	平均干草产量/（kg/亩）	单价	对比 Y(Q)1 减产率/%	毛收益/元	全生育期总净灌水量/（m^3/亩）
Y1	615	燕麦 2 元/kg	0	1230	123
Y2	581		5	1163	
Y3	511		17	1023	
Q1	500	青稞 1.5 元/kg	0	750	
Q2	478		4	717	
Q3	385		23	577	

6.3 西藏地区灌溉人工草地适宜发展模式

缺少田间综合技术的应用、管理粗放、发展模式单一是影响西藏牧区灌溉草发展的主要因素。在区域调研与分析的基础上，充分借鉴内蒙古、新疆等地的成功经验，结合西藏牧区灌溉草地发展的需求，本书提出家庭牧场式、集体经营式、规模化与集约化三种灌溉人工饲草料地发展模式。

6.3.1 家庭牧场发展模式

家庭牧场发展模式主要针对居住分散的牧民，以户为单位，就近选择水土资源条件相对较好的地区，进行水源工程、灌溉工程、围栏工程建设，并配套饲草料综合栽培技术、管理技术等（图 6-12）。灌溉草地面积以 2～10 亩为宜，水源为地表水，灌溉工程为衬砌渠道工程，种植燕麦、青稞等优质牧草。灌溉草地采用政府补贴、牧户建设，单个牧户管理和应用的原则。

(a)

(b)

图 6-12　家庭牧场式灌溉人工发展模式示意图

6.3.2　集体经营发展模式

集体经营发展模式主要针对居住相对集中的村集体，以全村为单位，选取地表水资源丰富，引水条件便利，村集体公有的草场开展灌溉工程建设（图 6-13）。主要包括水源工程、灌溉工程、草地围栏和田间道路及电力工程，配套饲草料栽培技术、农艺技术、管理技术等。水源为地表水，主要灌溉工程形式为渠道衬砌灌溉，可适当发展自压管道灌溉和自压喷灌。

(a)

(b)

图 6-13　集体经营式灌溉人工草地发展模式示意图

灌溉面积一般在 200～5000 亩，户均 10～30 亩。一年生牧草与多年生牧草种植比例宜为 4∶6 或 5∶5。在劳动力不足地区，也可全部种植多年生优质人工牧草或掺杂少量青稞作物。由村集体组织成立用水协会，在用水协会领导下委派专人负责水源与灌溉工程的运行管理。地方水利部门负责技术培训、咨询和工程大修。

6.3.3　规模化、集约化发展模式

规模化、集约化发展模式主要针对乡镇、县冬季抗灾保畜需要，选取地表水资源丰富，引水条件便利，土地平整，公有的草场开展灌溉工

程建设（图 6-14）。该模式主要包括水源工程、灌溉工程、围栏、道路、电力工程、管理设施、农艺措施、管理技术、饲草料栽培技术等。适宜种树地区应配套防护林带。水源为地表水，主要灌溉工程形式为渠道衬砌灌溉，也可发展一定规模的自压管灌和自压喷灌。灌溉面积一般在 5000 亩以上，适宜种植披碱草、紫花苜蓿等多年生人工牧草，种植比例不宜低于 60%。由地方草原站或有一定经营能力的企业负责水源与灌溉工程的运行管理。地方政府与管理单位签订相关委托合同，建立明确的饲草生产、销售制度及相应奖惩制度。

(a)

(b)

图 6-14　规模化集约化灌溉人工草地发展模式示意图

6.4　小　　结

综合本章研究，得到以下几点结果。

（1）西藏农区（海拔 3500～4000m）燕麦在多轮刈割种植模式下，多年平均干草产量 925kg/亩以上，亩均毛收益 1850 元以上。农区实行两年内青稞-冬小麦-混播禾豆的轮种模式，可以有效地解决西藏地区种植结构单一，农牧结合不强的问题，同时在正常收获青稞、冬小麦的基础上，混播禾豆每亩可增收 910～1192 元。

（2）西藏高寒牧区（海拔 4000m 以上）燕麦平均亩产干饲草约 569kg，青稞平均亩产饲草约 454kg，燕麦种植亩均毛收益在 1022 元以上，最高可达 1229 元。缺少田间综合技术的应用、管理粗放、发展模式单一是影响西藏牧区灌溉草地发展的三大限制因素。在节水技术应用的基础上，有效集成农艺、农机配套技术，合理灌溉，科学种草势在必行。

第 7 章　讨论与展望

7.1　主 要 结 论

（1）在西藏特殊气象环境下，当无水分胁迫时，燕麦ψ_L日变幅最高达 6MPa，该结果较我国西部低海拔地区要高出 15%～20%，这与西藏低压低氧、日温差较大有直接关系。由于日间太阳辐射较强，幼苗期ψ_L的起伏波动多发生于黎明，且呈现“V”字形变化，最低值-4.67MPa 出现在 5:00，说明该生育期内，燕麦在黎明前水分生理活动频繁。此现象的发现可以用于指导灌溉，此时仅从燕麦水分生理的角度考虑，灌水应同样选在黎明时分，但此时气温较低，灌水来源多为高山冰雪融水，幼苗不适应此时的水温，易造成冻害。因此，建议幼苗期燕麦灌水选在日落前，该时段作物水分生理活动同样较为频繁，此时灌溉水源经过白天日照，灌溉水温度略有回升，此时灌水有益于作物生长且可提高水资源利用效率。拔节期、抽穗期与灌浆期叶水势变化主要发生在白天，如此时作物需要灌溉，最好选择在 11:00 前或 16:00 以后，此时作物水势差较大，有利于水分的吸收利用。

与国内对很多禾本科植物 E 的日变化呈现“单峰”形不同，本书中 E 的日变化呈“多峰”形，除在午后出现峰值外，清晨亦多峰值，这与西藏地区空气干湿变化大，太阳辐射较强等气象因素有密切关系。关于 G_s 日变化国内有很多报道，但没有一致规律可循，本书中 G_s 呈“双峰”变化趋势，当 RH 较低，R_s 较强时，气孔闭合，G_s 会出现低谷；当出现临时降水，同时 T 较高，也会导致 G_s 出现波谷。在国内低海拔地区，部分作物品种之间 G_s、E 呈正相关的变化趋势，但在本书中，生长于西藏高海拔地区的燕麦，二者无明显相关变化趋势。本书认为，高海拔地区 CO_2 浓度相对较低，导致作物气孔开口相对较大；同时强辐射、多雨导致该地区一日内的空气相对湿度变化较大，直接导致 E 与 G_s 不具有同步性。燕麦不同生育期内的 P_n 变化趋势总体是上午净光合速率高于下午，峰值出现在上午，该结论与国内低海拔地区禾本科光合速率的变化趋势基本一致。

拉萨地区燕麦拔节期受到轻度水分胁迫时（土壤含水率为最大田间持水量的 63%），E 在白天仍表现为“多峰”形的变化趋势，且在太阳辐射较强的中午，蒸腾速率仍处于较高值，波谷出现不是很明显，总体变化趋势与充分灌溉处理大致相当；此时 P_n 与充分灌溉处理变化趋势较一致，且数值差距不大。在植株受到的水分胁迫较严重（47%）时，E 呈现“双峰”形变化，且其峰值明显低于充分灌水处理［差值≥20mmol/(m^2·s)］；P_n 的变化趋势明显发生变化，且其峰值明显低于充分灌溉处理［差值≥5μmol/(m^2·s)］。因此从牧草水分生理学角度可知，燕麦处于拔节期，土壤含水率不低于田间持水量 63%的水平时，不会对该阶段作物生长产生影响。

（2）西藏高海拔地区计算参考作物腾发量时，海拔因子是在 ET_0 计算中最容易获得参数，其不需要连续观测，计算时没必要针对不同时间尺度进行基础数据整理。同时海拔因子也是最容易被忽略的参数，在 PM 推荐标准计算公式中，海拔因子与 γ（湿度计常数）、R_a（天顶辐射，地球大气层顶部水平面吸收的太阳辐射）、R_n（太阳净辐射，地球表面吸收的能量）的计算有直接函数关系。目前已有简化模型研究中多针对温度、大气相对湿度、风速、日照时数、降水量等气象因子与 ET_0 的相关关系开展，往往忽略了 ET_0 计算的空间变异性，直接导致简化模型在不同地区间应用推广的难度加大，区域不同经验模型里的很多参数就要重新校正。因此本书考虑海拔因素，对 HS 模型进行修正，提高了原模型对不同区域空间变化的响应能力，得到了计算精度更高，适用于海拔 2000m 以上地区的 HS-E 修正模型，其中经验系数 $a = -8\times10^{-6}$，b=0.07，该系数在海拔 2000m 以上的大部分地区均适用，但高山地带地貌状况复杂，在西藏西南部喜马拉雅山区，温度骤降，该系数需要回归修正后采用。

（3）西藏高寒牧区（海拔 4000m 以上地区）燕麦全生育期需水量为 485mm，全生育期内日需水量为 3～5mm/d，其中抽雄期需水量、需水强度、需水模数最大。播种～苗期缺水会造成燕麦大幅减产，因此该阶段是当地燕麦灌水关键期。青稞全生育期需水量为 445mm，全生育期内日需水量为 3～8mm/d，其中灌浆期需水量最大，在抽雄期需水强度最大；出苗前缺水会造成青稞大幅减产，该阶段是当地青稞灌水关键期。农区燕麦全生育期需水量为 515mm，其中拔节期需水量最大，为 147mm；全生育期需水强度在 1.5～5.8mm/d 变动，在拔节期最大；需水模数以拔节期、抽雄期较大，两个生育期占全生育期的 60%以上。同品种燕麦需水量在农区明显高于高寒牧区，直观反映在牧草生长发育上为：农区燕麦亩产干草量更大，单体植株更高（农区燕麦平均可长至 170cm，牧区燕麦只有 120cm），这与农区作物生长季的平均气温与降水量均高于牧区有直接关系。

对比国内已有研究成果，西藏地区燕麦耗水量较西北牧区、华北地区等低海拔地区燕麦耗水量更大，研究认为西藏地区土壤层较薄，仅有 30cm 左右，下层多为砂砾层或岩体构造。因此，浅层土壤极易接受太阳热能，土壤中水分为易蒸发水。另外，该地区降水多为夜雨、小雨，且降水补给频繁，而白天太阳辐射较强，形成夜晚降水白天蒸发的一种常态，造成土壤水蒸发量较大，从而导致西藏高海拔地区饲草作物耗水量增高。

（4）高寒牧区（海拔 4000m 以上地区）燕麦灌水一次，则适宜在 6 月中旬左右，净灌水量约 31m^3/亩；如进行两次灌溉，灌水时间分别为 6 月中旬和 8 月下旬，净灌水量分别为 31m^3/亩和 27m^3/亩。如需灌溉三次，灌水时间分别为 6 月初、6 月中旬和 8 月下旬，净灌水量分别为 24m^3/亩、27m^3/亩和 27m^3/亩。当以产量或效益最大化为目标，则宜分别在六月上、中、下旬，八月中旬，九月上旬灌水五次，总净灌水量 112m^3/亩。

农区（海拔 4000m 以下地区）燕麦全生育期内如果进行一次灌溉，灌水日期应选在播种前，净灌水量为 25m^3/亩；两次灌溉，灌水日期应选在作物播种前和抽穗初期；进行三次灌溉，灌水日期为出苗前、拔节期和抽穗初期；如果以产量或效益最大化为目标，灌水四次，分别在播种前、苗期、拔节期以及抽穗初期，净灌水量为 25m^3/亩、23m^3/亩、27m^3/亩和 20m^3/亩。

（5）西藏农区（海拔 3500～4000m）燕麦多轮刈割种植模式下，多年平均干草产量 925kg/亩以上，亩均毛收益 1850 元以上。农区实行两年内青稞-冬小麦-混播禾豆的轮种模式，可以有效地解决西藏地区种植结构单一，农牧结合不强的问题，同时在正常收获青稞、冬小麦的基础上，混播禾豆每亩可增收 910～1192 元。西藏高寒牧区燕麦平均亩产干饲草约 569kg，青稞平均亩产饲草约 454kg，燕麦种植亩均毛收益 1022 元以上，最高可达 1229 元。

根据监测，西藏农区农户每年种植青稞毛收益 400～800 元/亩；高寒牧区牧户种植牧草（往往雨养种植）毛收益 200～400 元/亩，若种植青稞等农作物往往不会产生收益（干旱、气温较低年份往往无法收获籽粒），缺少田间综合技术的应用、管理粗放、发展模式单一是造成西藏农牧户收益较少的主要原因。因此，在西藏高海拔地区发展高标准灌溉人工饲草料地经济效益显著，在节水技术应用的基础上，有效集成农艺、农机配套技术，合理灌溉，科学种草势在必行。

7.2　西藏草地灌溉建设管理中存在的问题

为规范水利工程的建设管理，国家水利部制订了如《水利工程建设程序管理暂行规定》（1998）等多项规章制度。针对灌溉工程的特点，西藏自治区在国家发改委、财政部、水利厅等有关文件的基础上，制订了多项专门的管理办法和规定。2006 年西藏自治区水利厅、发改委、民政厅联合发布《关于加强农民用水者协会审查登记工作的通知》（藏水字【2006】86 号），明确了西藏成立农民用水者协会的重要意义、职责和任务、登记条件和程序等，有效地推动了用水协会健康有序发展。2010 年，财政厅、水利厅印发了《西藏自治区小型农田水利重点县建设管理办法（试行）》（【2010】41 号），规定重点县建设要成立由县政府分管领导为组长的领导小组，充分发挥受益区农牧民的主体作用，严格试行“一事一议”制度。按照“谁受益、谁管理”的原则，发挥农牧民用水合作组织、村集体以及其他农村经济合作组织的作用，落实管护责任，建立长效运行机制。为进一步规范草地灌溉工程管理，2010 年西藏自治区以（人民政府会议纪要（2010）42 号的形式，对草地灌溉工程建设与运行管理制度进行了规范。会议指出，草地灌溉工程项目应以牧区灌溉人工饲草料基地为重点，兼顾有条件的天然草场和农区饲草料基地，尽量使用地表水，严禁使用湖泊水，慎用地下水。草地灌溉工程项目前期工作由各地、县水利局和农牧局共同承担。项目审定由自治区发改委、水利厅、农牧厅负责。项目由水利部门实施，建后管理由农牧部门负责。2012 年，自治区财政厅、水利厅发布《中央财政补助中西部地区、贫困地区公益性水利工程维修养护经费使用管理暂行办法》（藏财农【2012】19 号），规定中央财政专项资金可用于实施维修养护项目的人工费、材料费、机械使用费等。

工程管理包含建设管理和运行管理两个阶段。目前西藏自治区草地灌溉工程投资主要来自财政部、水利部、自治区发改委、财政厅等部门，在建设阶段，严格实行项目法人制、招投标制、监理制等国家、自治区制订的规章和管理制度。工程的建设管理由水利部门负责，工程建成后，所有权和管理权交由受益村集体或相关单位。由于缺乏水利、农牧部门的有效监管和指导，部分工程管理不到位或不科学，导致效益很难完全发挥，具体工程建设管理现存的问题主要表现在以下几个方面。

1．缺乏科学规划和布局

草地灌溉工程的建设不仅包括自然、社会领域，还涉及经济、政治等方面，范围甚广，其立项主要是基于技术可行、经济合理，可以为社会、经济创造出更好的效益，为人类的未来发展打下坚实的基础。因此，工程项目立项前要进行全面科学地调研，当地水资源、生产、人文、经济水平、群众意愿等情况都应考虑在内，做到规划先行，科学发展。然而，西藏牧区水利基础薄弱，发展滞后，缺乏科学、全面的牧区水利发展规划，在一些地区和单位，项目前期缺乏必要的调研论证，使得工程规划、设计、施工及运行管理欠缺前瞻性、协调性，与地方发展不匹配，工程完工后，运行效果不好，无法发挥最大效益。随着 2014 年《全国牧区水利发展规划》的完成，该局面有望得到改善。

2．灌溉工程养护维护机制不健全

西藏牧区水利起步较晚，主要工程多为近五年建成，技术、资金等条件有限，工程建设标准低、田间不配套、工程养护维护机制不完善等问题较为突出。西藏自治区虽然确定了草地灌溉工程的建设和管理主体，但缺乏详细的实施细则，基层单位的责权利不明确，牧民文化水平相对较低，管理能力不强，工程管护能力较差。

3．工程管理资金投入严重不足

作为一项续用工程，水利工程后续管理工作的进行必须依靠大量资金的支持。水利管理单位在工程运行中的费用支出主要依靠水费收入，但西藏牧区尚未实施水资源费的征收工作，也没有工程管理费的专门投资渠道，水管单位运行管理经费紧缺，无法全面、顺利地完成管理维护环节，工程毁坏程度较快，整体效益大大降低。

4．基层技术力量不足

受特殊的人文、地理因素影响，牧区基层水利技术人员严重短缺，多数偏远地区，县水利局全部在编人员不足十人，牧区地广人稀，很难实现及时、有效地管理。此外，牧区水利起步较晚，技术人员业务水平相对较低，加之缺乏系统培训，管理经验和技能相对欠缺，影响工程运行的质量和技术服务水平。

5．地方配套资金难以落实到位

目前，西藏牧区草地灌溉工程建设多要求地方配套，某些项目配套比例达到50%，地方政府为了争取工程立项实施，也做出了保证配套资金到位的承诺。但在工程实施阶段，地方配套资金却难以到位，出现降低工程标准、拖延工期及草草验收等问题，导致工程运行管理主体不明，责权不分，出现工程建设和建后管理脱钩的现象。

6．缺乏有效的科技支撑

与低海拔地区相比，西藏灌溉饲草料地科研与技术应用普遍落后，缺乏有效的科技支撑，严重制约了区域灌溉饲草料发展，主要表现为：

（1）草地灌溉基础研究薄弱。21世纪前，由于西藏牧区水利发展缓慢，草地灌溉基础研究几乎空白。随着西藏草地灌溉的迅猛发展，其涉及的科学问题逐渐受到关注。郭万军（2001）对西藏当雄县人工草地建设现状进行了调查，认为健全水利设施，发展多年生人工牧草是解决当地草畜矛盾的有效措施。张文贤等（2002）通过对藏北地区牧草需水量的分析，确定了藏北地区人工草场灌溉系统的设计参数。杨永红等（2009）对西藏节水灌溉发展现状进行了分析并展望其发展前景。2010年起，中国水科院牧区水利科学研究所与西藏自治区水利厅、水利规划勘测设计研究院协作，在拉萨市西郊及当雄县（海拔4200m）对西藏草地灌溉基础理论开始了较为系统的研究。本书以田间灌溉试验为基础，对高寒牧区人工牧草需水规律与灌溉制度进行研究，掌握了耐寒人工牧草种植、灌溉、田间管理的第一手资料，初步确定了典型人工牧草（燕麦）的灌溉制度。研究表明，非充分灌溉条件下，燕麦以灌水1～3次为宜，灌溉草地产草量相当于当地天然草地产草量的13～50倍。实践表明，在高寒的西藏牧区，科学的草地灌溉能够起到增产、增收和缓解草畜矛盾的效果。建议今后应结合当地牧区水利项目建设，加强不同地区、不同牧草需水量、需水规律等基础理论研究，以科学完善的集成理论成果支撑技术应用的推广。

（2）草地灌溉资料匮乏，示范推广不够。西藏自治区草地灌溉起步较晚，草地灌溉基础资料严重缺乏，目前尚无长期、完善的监测网站及资料。工作中遇到问题多仅靠参考农区资料或经验来判定，缺乏实测数据的支撑，缺少高标准、规范化、现代化的灌溉饲草料地示范区，现有工程示范带动作用又有限，基层水利工作者的日常管理缺少样板，牧民看不到种植人工牧草的良好效果，发展灌溉饲草料地的积极性不高。因此，建议以牧区水利试点项目为基础，多方筹集资金，在拉萨、昌都、阿里、日喀则、那曲等不同类型、海拔地区建立多个牧草灌溉监测点，掌握不同地区牧草灌溉、工程运行管理有关的第一手资料，为今后牧区草地灌溉工程的规划、设计、管理提供基础数据支撑。

（3）草地灌溉认识存在误区。技术模式单一，发展人工草地容易引起天然草地沙化、草地灌溉与不灌溉差别不大的思想在一定范围内仍普遍存在。究其原因，是人们将人工牧草仅仅作为一种“草”而不是农作物对待，管理粗放，灌溉技术方法不当，无其他农艺措施的配套，导致灌溉草地效益低下，但却归咎于发展灌溉草地本身。与国内其他牧业省（自治区）相比，西藏牧区灌溉草地虽基础薄弱，但经过近十年的发展，已初步形成以渠道灌溉为主的草地灌溉发展模式。然而，西藏牧草种类丰富，适宜放牧地区海拔从2000～5000m，不同海拔地区气候、水草资源不同，种植牧草种类，灌溉方式，灌溉制度亦不尽相同，单一的发展模式很难适应不同地区灌溉草地的发展需要。目前，西藏自治区已初步对牧区水利的发展进行了分区，建议依托调研和科学研究，结合《西藏生态安全屏障保护与建设规划》，摸清不同类型区情况，根据西藏牧区水利的定位及任务，进一步细化以人工饲草料基地为主的灌溉草地整体布局、发展分区及不同分区的适宜发展模式，实现草地灌溉的多元化、差异化、本土化。

（4）高效节水技术应用不足。目前，西藏灌溉草地多采用渠道输水灌溉方式。该方式符合区域水资源丰富，劳动力、电力短缺的实际情况。然而，也存在浪费水资源、灌水均匀度差，对土壤产生一定水蚀等不足。今后在强化以自流灌溉为主的牧区草地灌溉发展模式的同时，加强喷灌等高效节水灌溉技术的引进应用和技术集成，将其与西藏实际相结合，形成具有地方特色的草地灌溉技术模式。据调查，地下水提水灌溉的能源消耗较大，且 80%以上的电力消耗用于水泵提水，西藏电力短缺，发展该类模式存在一定局限。然而西藏具有丰富的地表水资源，可充分利用水能实施自压管道灌溉，采用该技术模式可大大减少能源消耗。此外，西藏具有丰富的风能、太阳能，对自压喷灌系统，仅需给喷灌机提供动力（每跨仅需 1kW），如能很好地利用该类清洁能源，发展太阳能（风能）驱动的自压喷灌，将有可能探索出具有西藏独特地域特色的牧区草地灌溉技术模式，有效改善牧区因电力短缺造成的高效节水灌溉发展缓慢的现状。

7.3　不足与展望

受地理及人文条件影响，西藏牧区水利科研欠账较多，草地灌溉涉及的 SPAC 系统水分运移消耗，需水量、灌溉制度研究几乎空白。经过近六年的研究，本研究团队已基本摸清了西藏一些地区典型牧草燕麦和代表性作物青稞的水分生理生态指标、需水关键期、需水量，提出了优化灌溉制度和田间综合技术模式。对西藏牧区水利建设，特别是《西藏牧区水利发展规划》的编制起到了一定支撑作用。但因资金、人员的限制，本书仅就灌溉草地规划、设计急需的需水量、优化灌溉制度进行了分析计算，对高寒条件下水分运移、消耗、转化的规律、机理研究未能深入涉及，存在以下不足。

（1）融雪水是西藏高寒区的重要灌溉水源，然而由于西藏高海拔地区低压低氧、高辐射、近地层冷热交换频繁，加之土层稀薄，低温融雪水利用不当容易对牧草造成寒害。融雪水的入渗与径流是寒区重要的标志性水文过程之一，其特性及影响因素对于寒区春季产、汇流过程以及农、牧业灌溉等均起到至关重要的作用。利用高山融雪水经渠道输送灌水是当前西藏牧区草地灌溉的主要方式之一。但高山融雪水经较短距离输水进入土壤后水温仍较低，低温水会在一定程度上降低作物的根系活性，当水温接近 0℃，植物体细胞代谢过程中的协调性会受到影响，甚至导致作物最终受伤或死亡。同时由于低温融雪水的存在，高寒地区表层土壤易在春季连续发生冻融交替的现象，土壤物理与水动力学参数易发生变化，一些地区经低温融雪水灌溉后出现牧草返青推迟、出苗率低甚至死亡的现象，经融雪水灌溉后同一人工草场部分地区牧草遭受寒害减产，影响草地灌溉效益发挥和牧民发展灌溉饲草地的积极性。长期以来，西藏高海拔地区的牧业生产一直停留在天然放牧状态，近年来受气候变化和过度开发等自然、人为因素影响，草地生态系统破坏严重，草原畜牧业发展受到制约。因此，西藏自治区不断加大草原保护力度，多举措促进草原生态保护和牧区经济发展。其中灌溉饲草地成为高效利用水资源，缓解草畜矛盾，促进牧民增产增收的重要手段。因此针对西藏高寒牧区这一独特的生产方式，从土壤水分动能、势能和牧草水分生理的角度揭示土壤、牧草的水温效应，制订合理的春灌灌溉制度，缓解牧草寒害。实现安全、高效地利用融雪水，提高灌溉饲草地效益是西藏牧区草地灌溉急需解决的关键科技问题之一。

（2）西藏位于青藏高原西南部，平均海拔 4000m 以上，受特殊的自然、地理因素影响，该地区的 ET_0 研究长期滞后，一些学者对计算 ET_0 的公式在拉萨（海拔 3650m）的适用性进行了研究，本书也对缺测气象条件下西藏牧区（海拔 4200～4700m）适宜 ET_0 的计算方法进行了初步探讨。但这些研究仍以 FAO56 PM 法为衡量标准对其他方法进行比对。由于缺乏实测试验，现阶段 ET_0 的研究多停留在 MP、FAO56 PM 等公式的对比分析上，基于实测的 ET_0 研究始终是农业水土科学的薄弱环节。西藏乃至世界范围内高海拔地区（特别是海拔 4000m 以上）基于实测资料的 ET_0 计算方法及参数的率定至今空白。FAO56 PM 法、MP 法等以气象资料拟合形成的计算公式在高海拔地区是否适用？若适用，其条件如何？若不适用，其原因是什么？辐射项、动力项在高海拔地区如何变化、影响因素是什么？关键参数如何修正以提高计算精度？青稞是青藏高原最重要的传统农作物之一，种植面积占粮食播种面积的 60%，是藏区的主要粮食来源。燕麦是优良的一年生饲草作物，具有耐寒、产量高、品质好、抗逆性强的特点，自 2004 年在西藏成功引种以来，播种面积超过 20 万亩，已成为当前西藏牧区枯草季节的主要饲草来源。作物系数是计算作物需水量、制订灌溉制度，进而开展区域水资源规划的重要参数。由于长期缺乏实测研究，西藏地区青稞、燕麦等作物系数与其他地方相比是否具有特殊性？单作物系数法和双作物系数法适用性如何？影响因素是什么？至今不明。使用时多参照 FAO 推荐值、类似地区成果或根据 ET_0 计算公式和水量平衡法推求，给准确估算需水量进而制订科学的用水计划带来极大不便。国内外众多研究表明，作物系数受土壤、气候、作物生长状况和管理方式等诸多因素影响，确定作物系数最合理的方法是采用当地的试验资料。综上所述，随着研究的深入，基于 Lysimeter 实测数据对不同 ET_0 公式在不同地区进行检验、率定、修正，确定该地区典型作物的作物系数，优选出更接近实际的计算方法或参数成为当前农田水利研究的前沿热点。

参 考 文 献

陈亚新, 康绍忠, 1995. 非充分灌溉原理[M]. 北京: 水利电力出版社: 50-54.

崔远来, 2002. 缺水条件下水稻灌区有限水土资源最优分配[J]. 武汉大学学报(工学版), 35(4): 18-21.

崔远来, 李远华, 1997. 作物缺水条件下灌溉供水量最优分配[J]. 水利学报, (3): 38-43.

丁志宏, 何宏谋, 王浩, 2011. 灌区降水量与参考作物腾发量的联合分布模型研究[J]. 水利水电技术, 42(7): 15-18.

胡庆芳, 杨大文, 王银堂, 等, 2011. Hargreaves 公式的全局校正及适用性评价[J]. 水科学进展, 22(2): 160-167.

郭克贞, 2003. 草原节水灌溉理论与实践[M]. 呼和浩特: 内蒙古人民出版社: 64-69.

郭克贞, 何京丽, 1999. 牧草节水灌溉若干理论问题研究[J]. 水利学报, (5): 78-82.

郭克贞, 李和平, 赵淑银, 2004. 水草畜生态经济系统可持续发展评价体系研究[J]. 灌溉排水学报, 23(3): 31-33.

郭克贞, 赵淑银, 苏佩凤, 等, 2008. 草地 SPAC 水分运移消耗与高效利用技术[M]. 北京: 中国水利水电出版社: 45-48.

郭万军, 2001. 西藏当雄县人工草地建设现状及发展对策[J]. 西藏科技, 3: 62-64.

霍再林, 2004. 基于人工智能的参考作物腾发量与作物水盐响应研究[D]. 呼和浩特: 内蒙古农业大学.

姜峻, 都全胜, 赵军, 等, 2008. 称重式蒸渗仪系统改进及在农田蒸散研究中的应用[J]. 水土保持通报, 28(6): 67-72.

康绍忠, 刘晓明, 熊运章, 等, 1994. SPAC 水分传输理论及其应用[M]. 北京: 中国水利水电出版社: 56-82.

李晨, 崔宁博, 魏新平, 等, 2015. 改进 Hargreaves 模型估算川中丘陵区参考作物蒸散量[J]. 农业工程学报, 31(11): 129-134.

刘钰, PEREIRA L S, 2000. 对 FAO 推荐的作物系数计算方法的验证[J]. 农业工程学报, 16(5): 26-30.

刘钰, PEREIRA L S, 2001. 气象数据缺测条件下参照腾发量的计算方法[J]. 水利学报, (3): 11-17.

刘钰, PEREIRA L S, TEIXEIRA J L, 1997. 参照腾发量的新定义及计算方法对比[J]. 水利学报, (6): 27-33.

戚龙海, 党廷辉, 陈璐, 2009. 黄土旱塬冬小麦水分利用效率及相关生理特性研究[J]. 中国农学通报, 25(6): 107-112.

秦耀东, 2003. 土壤物理学[M]. 北京: 高等教育出版社: 76.

任传友, 于贵瑞, 王秋凤, 等, 2004. 冠层尺度的生态系统光合-蒸腾耦合模型研究[J]. 中国科学, 34(S2): 141-151.

佟长福, 郭克贞, 史海滨, 等, 2005. 环境因素对紫花苜蓿叶水势与蒸腾速率影响的初步研究[J]. 农业工程学报, 21(12): 152-155.

王仰仁, 康绍忠, 2004. 基于作物水盐生产函数的咸水灌溉制度确定方法[J]. 水利学报, (6): 46-51.

王志强, 朝伦巴根, 柴建华, 2007. 用多变量灰色预测模型模拟预测参考作物蒸散量的研究[J]. 中国沙漠, 27(4): 584-587.

王声峰, 段爱旺, 张展羽, 2008. 半干旱地区不同水文年 Hargreaves 和 P-M 公式的对比分析[J]. 农业工程学报, 24(7): 29-33.

王新华, 郭美华, 徐中民, 2006. 分别利用 Hargreaves 和 PM 公式计算西北干旱区 ET_0 的比较[J]. 农业工程学报, 22(10): 21-25.

徐冰, 邬佳宾, 郭克贞, 等, 2012. 西藏牧区生态水利研究进展[J]. 水资源与水工程学报, (3): 84-86.

杨永红, 张展羽, 2009. 改进 Hargreaves 方法计算拉萨参考作物蒸发蒸腾量[J]. 水科学进展, 20(5): 614-618.

于婵, 2011. 人工牧草生理生态过程模拟及高效用水灌溉制度研究[M]. 呼和浩特：内蒙古农业大学: 140.

于淼, 迟道才, 李增, 等, 2010. 基于灰色马尔科夫的参考作物腾发量预测[J]. 节水灌溉, (4): 12-15.

张文贤, 陈青生, 杨永江, 等, 2002. 西藏藏北地区的人工草场灌溉分析[J]. 节水灌溉, (1):30-33.

郑和祥, 史海滨, 程满金, 等, 2010. 基于 ISAREG 模型的小麦间作玉米灌溉制度设计. 灌溉排水学报, 29(2): 89-94.

ALMOROX J, QUEJ V H, MARTI P, 2015. Global performance ranking of temperature-based approaches for evapotranspiration estimation considering Koppen climate classes[J]. Journal of Hydrology, (528): 514-522.

ALLEN R G, PEREIRA L S, RAES D, et al., 1998. Crop Evapotranspiration Guidelines for Computing Crop Water Requirements[M]. Roma: FAO Irrigation and Drainage: 130-137.

ANNANDALE J G, JOVANIC N Z, BENADE N, et al., 2002. Software for missing data error analysis of Penman-Monteith reference evaportransportation[J]. Irrigation Science, 21(2): 57-67.

ER-RAKI S, CHEHBOUNI A, KHABBA S, et al., 2010. Assessment of reference evapotranspiration methods in semi-arid regions: can weather forecast data be used as alternate of ground meteorological parameters[J]. Journal of Arid Environment, (74): 1587-1596.

HARGREAVES G H, ALLEN R G, 2003. History and evaluation of Hargreaves evapotranspiration equation[J]. Journal of Irrigation and Drainage Engineering, 129(1): 53-63.

PENMAN H L, 1948. Natural evaporation from open water, bare soil and grass[J]. Proceedings of the Royal Society of London, 193: 120-146.

PRIESTLEY C H B, TAYLOR R J, 1972. On the assessment of surface heat and evaporation using large-scale parameters[J]. Monthly Weather Review, 100: 81-92.

JABLOUM M, SAHLI A, 2008. Evaluation of FAO56 methodology for estimating reference evapotranspiration using limited climatic data application to Tunisia[J]. Agricultural Water Management, (95): 707-715.

JENSEN M E, BURMAN R D, ALLEN R G, 1990. "Evapotranspiration and Irrigation Water Requirements." ASCE Manuals and Reports On Engineering Practice No. 70[C]. NewYork: ASCE: 64.

IRMAK S, ALLEN R G, WHITTY E B, 2003. Daily grass and alfalfa-reference evapotranspiration estimates and alfalfa-to-grass evapotranspiration ratios in Florida[J]. Journal of Irrigation and Drainage Engineering, 5(129): 360-370.

MARTINEZ C J, THEPADIA M, 2009. Estimating reference evapotranspiration with minimum data in Florida[J]. Journal of Irrigation and Drainage Engineering, 136(7): 494-501.

VALIANTZAS J D, 2015. Simplified limited data Penman's ET_0 formulas adapted for humid locations[J]. Journal of Hydrology, (524): 701-707.

YODER R E, ODHIAMBO L O, WRIGHT W C, 2005. Evaluation of methods for estimating daily reference crop evapotranspiration at a site in the humid southeast united states[J]. Applied Engineering in Agriculture, 21(2): 197-202.